NHK
趣味の園芸

12か月
栽培ナビ

バラ

鈴木満男
Suzuki Mitsuo

写真：'ノヴァーリス'

12か月
栽培ナビ
Rose

目次
Contents

本書の使い方 …………………………………… 4

バラ栽培の基本　　　　　　　　　　5

毎月の作業と手入れをわかりやすく ……………6
木立ち性のバラの樹形 …………………………8
バラ栽培関連用語 ………………………………9
栽培の前にそろえたい用具や資材 …………… 10
木立ち性のバラの年間の作業・管理暦 ……… 12

おすすめ名花＆育てやすい新品種　14

大輪品種 ………………………………… 14
中・小輪品種 …………………………… 19

12か月栽培ナビ　27

1月	冬の剪定／寒肥／さし木（休眠枝ざし）	28
2月	大苗の植えつけ、移植／鉢替え／つぎ木	38
3月	わき芽かき／病害虫を減らすために	42
4月	花がら切り／新苗の植えつけ	46
5月	ベーサル・シュートのピンチ／ブラインド枝の処理／さし木（緑枝ざし）	54
6月		60
7月	新苗の鉢替え／暑さ対策（遮光）	62
8月	夏剪定／台風対策	66
9月		70
10月		72
11月		74
12月		76

バラの主な病害虫と防除法　78

- バラの病害虫カレンダー ……… 78
- バラに発生する主な病害虫 ……… 79
- 薬剤散布のポイント ……… 84
- 薬液のつくり方 ……… 85

Q&A　86

- 北国のバラ ……… 93
- ショップ＆ローズガーデンガイド ……… 94
- 品種名索引 ……… 95

本書の使い方

ナビちゃん
毎月の栽培方法を紹介してくれる「12か月栽培ナビシリーズ」のナビゲーター。どんな植物でもうまく紹介できるか、じつは少し緊張気味。

本書はバラ（木立ち性）の栽培にあたって、1月から12月に分けて、月ごとの作業や管理を詳しく解説しています。また、主な種類・品種の解説や病害虫の防除法などを、わかりやすく紹介しています。

＊**「バラ栽培の基本」**（5～13ページ）
では、木立ち性バラの樹形や部位の名称、栽培に必要な用具や資材などを紹介しています。

＊**「おすすめ名花＆育てやすい新品種」**
（14～26ページ）では、長く栽培されている定番人気品種や、病気に強く育てやすい新品種を、大輪と中・小輪に分けて紹介しています。

＊**「12か月栽培ナビ」**（27～77ページ）
では、月ごとの作業を、初心者でも必ず行ってほしい 基本 と、中・上級者で余裕があれば挑戦したい トライ の2段階に分けて解説しています。

今月の作業をリストアップ

初心者でも必ず行ってほしい作業

中・上級者で余裕があれば挑戦したい作業

今月の管理の要点をリストアップ

＊**「バラの主な病害虫と防除法」**
（78～85ページ）では、バラに発生する主な病害虫とその対策方法を解説しています。

＊**「Q&A」**（86～92ページ）では、よくある栽培上の質問に答えています。

● 本書は関東地方以西を基準にして説明しています。地域や気候により、生育状態や開花期、作業適期などは異なります。また、水やりや肥料の分量などはあくまで目安です。植物の状態を見て加減してください。

● 種苗法により、種苗登録された品種については譲渡・販売目的での無断増殖は禁止されています。さし木などの栄養繁殖を行う場合は事前によく確認しましょう。

バラ栽培の基本

育てる前に知っておきたい、
バラの性質や花のつくり、
必要な資材などを解説します。

パット・オースチン
（24ページ参照）

毎月の作業と手入れをわかりやすく

栽培の基本とおすすめの品種を紹介

　庭に、あるいはベランダに1本のバラがあると、四季咲きの品種なら初夏から晩秋まで何回も花を咲かせてくれます。自分で育てたバラが花を咲かせると、本当にうれしいものです。お気に入りの品種を育て、日々の暮らしの中でその美しさと香りを楽しみましょう。

　バラは病気や害虫が多いので育てにくいという人もいますが、近年は年々丈夫で育てやすい品種が登場し、わずかな手入れで花が楽しめるようになりました。

　本書は、木立ち性の四季咲きバラの作業・管理を月ごとに詳しく紹介し、あわせて育てやすい品種を中心に、定番の名花も紹介しています。

木立ち性バラの基本の知識

木は立ち性

　バラを樹形から分類すると木立ち性、半つる状に長く枝が伸びる半つる性、枝がつる状に伸びるつるバラがあります。木立ち性は「ブッシュ・ローズ」とも呼ばれ、文字どおり、自立する立ち性で、大きく分けると枝が上方向に伸びる「直立性」、枝が斜め上または横方向に伸びる「横張り性」があります。

花は四季咲き

　バラを開花習性から見ると、春から晩秋まで繰り返して咲く「四季咲き」、春に1回だけしか咲かない「一季咲き」、秋にも返り咲く「返り咲き」の3種類があります。木立ち性のバラはほとんどが四季咲きです。

日当たり、水はけのよい場所を好む

　木立ち性に限らず、バラの多くは日当たりのよい場所、水はけのよい土壌を好みます。少なくとも半日は日の当たる場所に植えつけましょう。鉢植えも同様で、ベランダなどの場合もなるべく日当たりのよいところに置きましょう。

株を埋めるように花が咲く横張り性の小輪品種 'ラベンダー・メイディランド'。

存在感のある大輪品種'マイガーデン'。

花茎（花枝）の各部の名称

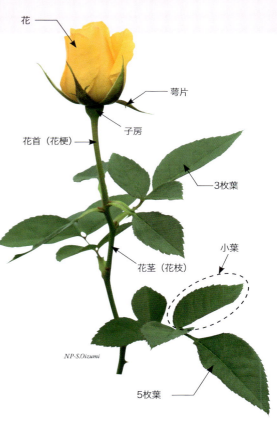

写真はわかりやすいようにつるバラを使用。

ベーサル・シュートとサイド・シュート

● **ベーサル・シュート**
株元から伸びる新梢で、将来の主幹になる大切な枝。毎年、ベーサル・シュートが発生する品種と、年数が経過するとベーサル・シュートは発生しにくくなり、古い枝が何年も花を咲かせ続ける品種があります。

● **サイド・シュート**
枝の途中から発生する勢いのよい新梢。

木立ち性のバラの樹形

直立性

枝が上に伸び、あまり横に広がらない

＊樹形は人によっていろいろな分け方があり、半直立性や半横張り性を加え、細かく分ける場合もあります。

横張り性

枝は横や斜め上に伸び、株が横に広がる

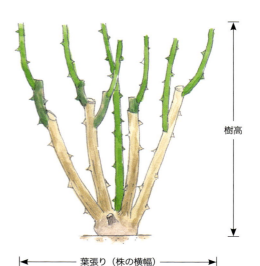

株の大きさ
（冬の剪定を行った成木の春の開花で分類）

大（高）＝春の樹高がおおむね
　　　　　1.5〜1.8m以上
中＝樹高がおおむね1.0〜1.5m
小（低）＝樹高が1.0mまで

＊**成木**　一人前に成熟した株。おおむね植えつけ後3年を経過し、品種本来の樹高や葉張りに近づいた、いわば大人の株。

花の大きさ（花径）

大輪＝11〜20cm
中輪＝5〜10cm
小輪＝5cm以下

＊花径の大小に明確な決まりはありません。人によって異なることがあります。

バラ栽培関連用語

＊本書に登場する主な栽培関連用語を取り上げました。

大苗 8〜10月に芽つぎ、1〜2月に切りつぎで、つぎ木繁殖された苗をほぼ1年間育てた苗。9月下旬ごろから3月にかけて流通する。

置き肥 固形の肥料を鉢の縁に置くこと。バラの場合は発酵油かすの固形肥料など、有機質の肥料を鉢の大きさに合わせて適量施す。

開花調節 蕾を減らし、花を長く楽しむ工夫。バラは蕾を摘み取るとすぐに次の蕾が上がり、花を継続して楽しめる。春の一番花の蕾を2割程度摘んで花期を調節することが多い。ほぼ1週間、花期が延びる。

花茎（花枝） 花を咲かせる枝。ステムとも呼ばれる。

寒肥 庭植えのバラに、休眠中の冬に施す有機質の遅効性肥料。土中で徐々に分解され、根の成長や芽出しを助ける大切な肥料。

5枚葉 園芸品種の多くは小葉が5枚あるので「5枚葉」。花首のすぐ下は「3枚葉」のことが多い。5枚葉のつけ根には力のある芽がある。花がら切りのときはなるべく大きな5枚葉の上で切るとよい。

シュート更新 株元からベーサル・シュートを伸ばし、数年たった古い枝と入れ替わること。その性質のある種類。シュート更新しないバラは古枝が太りながら長く生き続ける。

剪定 不要な枝を切ること。樹形を整えるだけでなく、混み合う枝を整理し、株の中にも日を当てたり、風通しをよくしたりする。

ソフト・ピンチ（摘心） 柔らかい枝先2〜3節を指先で摘み取ること。堅くなった枝を任意の位置でハサミで切る場合はハード・ピンチ。蕾だけを摘み取ることもピンチという。

土壌改良 植えつけ場所の土を植物が育ちやすいように改良すること。多くの場合は腐葉土や完熟堆肥をすき込み、土を軟らかくする。水はけをよくするためにパーライトや鹿沼土など硬質の粒状用土を入れることもある。

鉢替え（土替え） 休眠中に鉢植えのバラの用土を新しくすること。主に1〜3月上旬に行う。

花がら切り 終わりかけた花を摘み取ること。花がら摘み。バラの場合は多くの場合、花茎の半分程度を目安に終わりかけた花をハサミで切り取る。

ブラインド枝（ブラインド・シュート） 本来は花が咲くはずだったが、花がつかない新梢。気象条件や品種の特性などにもよるが、バラが何らかの理由で体力を温存するために蕾をつけないことが多い。

栽培の前にそろえたい用具や資材

バラづくりに必要な用具と資材を紹介します。

🪴 鉢栽培

　鉢でバラを栽培する場合は、鉢、用土、肥料が必要です。いずれもバラの生育状態やステージで最適のものを使いましょう。

●**鉢**　いろいろな材質、サイズ、色の鉢が市販されていますが、生育によい影響を及ぼすものは黒または濃緑色の合成樹脂製です。生育が多少緩慢になるのをいとわなければ、好みでいろいろな材質やデザインの鉢が使用できます。

新苗植えつけ用　6号鉢
新苗の鉢替え用　8号鉢（4月に植えたものを7月下旬に二回り大きな鉢に植え替える。64ページ参照）。
大苗植えつけ用　8号鉢
翌年の鉢替え用　10号鉢

●**用土**　鉢栽培は新苗と大きくなった苗、大苗では根の状態や株の力が異なるので用土も適した配合のものに変えることをおすすめします。

新苗用　赤玉土小粒5、鹿沼土小粒3、パーライト1、ピートモス（酸度無調整）1、ゴロ土（赤玉土大粒、赤玉土中粒各適量）。

新苗の鉢替え用、大苗用　赤玉土中粒5、鹿沼土中粒3、パーライト1、ピートモス（酸度無調整）1、ゴロ土（赤玉土大粒、赤玉土中粒各適量）。

有機質の固形肥料のいろいろ。

●**肥料**　鉢植えのバラには有機質の固形肥料を置き肥で施します。草花には鉢土に化成肥料などを混合する場合がありますが、バラの用土には肥料を混合せず、置き肥で育てます。

🌱 庭植え

庭で栽培するための資材は、植えつけ、寒肥用の土壌改良材と肥料が中心です。

土壌改良材 完熟堆肥（馬ふん堆肥や牛ふん堆肥など）。

肥料 油かす、ぼかし肥、硫酸カリ、熔成リン肥、化成肥料（N-P-K=10-12-8など）。52ページ参照。

病害虫防除のための薬剤など
（鉢植え、庭植え共通）

バラの手入れに欠かせない作業が、病気や害虫の防除です。鉢植えで数株を育てる程度であれば、病気と害虫を一度に防除できるハンドスプレータイプの薬剤が便利です。なお、散布時には薬液が手に触れないようにゴム手袋を使用し、農薬用のマスクや長袖の作業着などを着用します。

庭で多くの株を育てている場合は、専用の薬剤と噴霧器を用意しましょう。薬剤は殺虫剤と殺菌剤が必要です。また、薬剤を希釈したり、混ぜたりするための容器や計量カップ、スポイトなども必要になります。詳しくは78ページをご覧ください。

剪定バサミ

ノコギリ

皮革製園芸用手袋

NP-A.Tokue

剪定のための用具（鉢植え、庭植え共通）

バラの手入れに剪定は欠かせません。次のものを用意しましょう。

剪定バサミ バラの枝を切るために欠かせないハサミです。多少高価でも切れ味のよいものを入手しましょう。手に合う使いやすいサイズのものを選ぶことも大切です。

＊剪定バサミは使い終わったら樹液（ヤニ）などの汚れを拭き取り、できれば砥石で研いでおくことをおすすめします。

ノコギリ 太い枝を切るために使います。歯の細かいものが適します。

皮革製の園芸用手袋 バラのとげで手を傷つけないように皮革製のものを使いましょう。

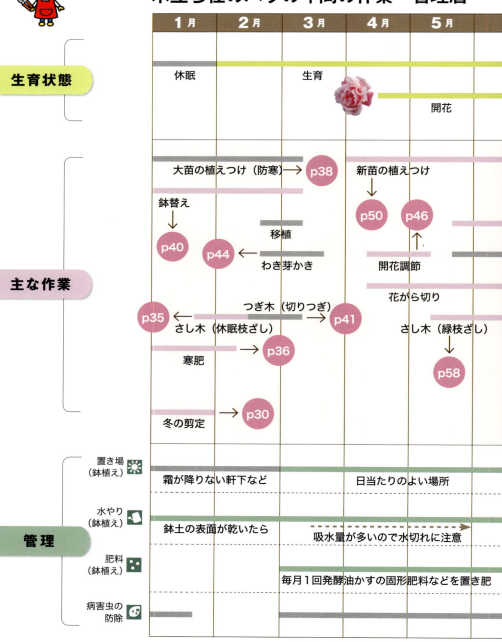

関東地方以西基準

| 6月 | 7月 | 8月 | 9月 | 10月 | 11月 | 12月 |

p64 新苗の鉢替え

p70 鉢バラの庭への植えつけ

大苗の植えつけ（防寒）

p56 ベーサル・シュートのピンチ　　ベーサル・シュートのピンチ

ブラインド枝の処理　→ p58

花がら切り　　さし木（緑枝ざし）

→ p49

さし木（緑枝ざし）　暑さ対策

p66

p65

寒肥

台風対策

夏剪定　→ p68

雨量が少ないときは水切れに注意。冷夏は水を控える

高温期は乾きに注意

おすすめ名花＆育てやすい新品種

四季咲きバラの大輪品種、中・小輪品種から、育ててみたい魅力的な品種や病気に強い新品種をよりすぐって紹介します。

❶花色　❷花径　❸樹形、樹高（高さ×葉張り）
❹作出国・メーカー（作出者）、作出年
❺耐病性（とても強い、強い、やや強い、普通、弱い）
・とても強い、強い→無農薬で栽培可能
・やや強い→薬剤散布の目安は10日に1回
・普通以下→薬剤散布の目安は1週間に1回

ROSE 大輪

グレーフィン・ディアナ Gräfin Diana
❶暗赤紫色　❷11cm　❸横張り、1.2〜1.5×1.0m
❹ドイツ・コルデス、2012　❺とても強い

大輪で花弁数が多く、香りが強い。黒星病、うどんこ病に強く、育てやすいがとげが多く、樹高も高くなる。風当たりの弱い場所に植えたい。

NP-S.Oizumi

ベルサイユのばら La Rose de Versailles
①ベルベット赤 ②13〜14cm ③直立、1.8×1.0m
④フランス・メイアン、2012 ⑤やや強い

花が大きく、よく目立つ。二番花も大きい。剣弁高芯咲きで、樹高が高くなる品種では花つきがよい。黒星病にはやや弱いので防除が必要。

スーパー・スター Super Star
①朱赤色 ②12cm ③横張り、1.3×1.2m
④ドイツ・タンタウ、1960 ⑤弱い

朱赤色は寒冷地ではくすむ品種が多いが本種は鮮やかさを保つ。とげが多い。春から晩秋まで成長を続けるためか、枝が柔らかい。ポイントは肥料過多に気をつけ、枝を堅くすること。枝変わりにつる性品種などがある。

宴（うたげ） Utage
①赤色 ②10〜13cm ③直立、1.3×0.8m
④日本・京成バラ園芸、1979 ⑤やや強い

平凡な赤バラだが、とても丈夫で特に手入れをしなくても長く咲いてくれる。シュートは太く、とげが少ない。欠点は花弁数がやや少ないこと。

ROSE 大輪

イヴ・ピアジェ Yves Piaget
❶ローズ色　❷14cm　❸横張り、1.5×1.2m
❹フランス・メイアン、1984　❺普通

珍しい巨大輪のシャクヤク咲きで香りが強い。成長が遅く、シュートの発生は少ないが幹の寿命が長く、徐々に大株になる。切り花としても少量流通。

NP-Y.Sakurano

↓ **ウェディング・ベルズ** Wedding Bells
❶ローズ色　❷13〜15cm
❸横張り、1.2〜1.5×1.0〜1.4m
❹ドイツ・コルデス、2010　❺とても強い

シュートの発生がよく、横張り性だがまとまりのある株になる。剣弁高芯咲きで大輪、香りもある。照り葉。ブラインド枝が発生するが、それを利用すれば絶え間なく咲かせることが可能。病気はほぼ発生しない。

NP-S.Oizimi

NP-N.Kamibayashi

↑ **パローレ** Parole
❶ローズ色　❷15cm　❸横張り、1.3〜1.5×1.0m
❹ドイツ・コルデス、2001　❺やや強い

大輪で春、秋には花径が20cmにもなる。香りが強い。黒星病に比較的強く、年々株が大きくなる。暑さに強い。枝はもろい。枝変わりに一回り樹高が低く淡い花色の'スウィート・パローレ'がある。

プリンセス・ドゥ・モナコ
Princesse de Monaco

❶ 白地ピンク覆輪　❷ 12cm　❸ 直立、1.5×1.3m
❹ フランス・メイアン、1981　❺ 普通

太いシュートを出し、大株になる。葉は厚みのある照り葉。耐暑性にやや欠けるので夏は水をこまめに与える。シュートが出たら早めにピンチし、堅い枝に育てる。

マイガーデン　My Garden

❶ 淡桃色　❷ 13cm　❸ 直立、1.8×1.5m
❹ フランス・メイアン、2008　❺ とても強い

耐病性、耐寒性、耐暑性が強く、初心者でも無理なく育てられる。長く太い枝を出し、大輪の花を咲かせ、香りもよい。枝の寿命が長く、しっかりした株になる。大鉢仕立てにもよい。

ピース　Peace

❶ クリームイエロー地桃覆輪　❷ 15cm　❸ 横張り、1.5×1.4m　❹ フランス・メイアン、1945　❺ 普通

名花。花が大きく、花つきがよく、大株になる。よい株にするにはシュートのピンチ、夏の水やり、やや高めの剪定が大切。病気には弱いので、薬剤散布が必要。

ジャスト・ジョーイ　Just Joey

❶ アプリコットオレンジ色　❷ 14cm　❸ 横張り、1.0×1.0m　❹ イギリス・カンツ、1972　❺ 強い

オレンジ色系の花色の品種は、株を維持するのが難しかったが、本品種は育てやすい。大輪で枝数が多いがまとまる。耐病性は普通より上で、暑さにも強い。

ROSE 大輪

エリナ　Elina

❶クリームイエロー　❷12cm　❸直立、1.4×1.0m
❹イギリス・ディクソン、1985　❺強い

丸弁高芯咲きで花が大きく、育てやすい。耐病性は普通より上で樹勢が強い。シュートの発生もよく、まとまりのよい大株になる。

NP-H.Imai

↑ ヘンリー・フォンダ　Henry Fonda

❶濃黄色　❷10～12cm　❸直立、1.4×1.0m
❹アメリカ・クリステンセン、1995　❺弱い

黄色ではこの品種を超える品種はない。咲き始めから最後まで濃黄色で、花つきがよく、早咲き。生育は穏やかで、枝も出にくい。うどんこ病、黒星病に弱い。病気が発生しないように防除に努め、夏は咲かせないほうがよい。鉢植えにも向く。

NP-A.Tokue

アプリコット・キャンディ　Apricot Candy

❶アプリコット色　❷11cm　❸直立、1.5×1.0m
❹フランス・メイアン、2007　❺強い

大輪で明るいアプリコット色は、葉の明るい緑色とよく調和している。とげが少なく、扱いやすい。耐病性が強く、暑さにも強い。

NP-S.Oizumi

ブルー・ムーン　Blue Moon

❶ラベンダー色　❷11cm　❸直立、1.4×0.8m
❹ドイツ・タンタウ、1964　❺普通

長く紫色系のバラの頂点にあった品種。黒星病を発生させると、耐寒性が弱まり、冬に木肌に赤紫色の斑点が生じる。この品種を咲かせるコツは病気を出さないこと。花がらは早めに切り、水やりを忘れない。

NP-Sayaka

ROSE 中・小輪

↑ キャンディア・メイディランド
Candia Meidiland

❶緋赤色、中心白　❷7〜8cm
❸横張り、0.7×1.2m　❹フランス・メイアン、2006　❺とても強い

鉢栽培や花壇の縁取り、のり面への植栽などさまざまな使い方ができるバラで、花つきがとてもよい。枝は細いが、耐病性に優れ、丈夫で育てやすい。

ファッショニスタ Fashionista

❶明るい赤色　❷8cm　❸横張り、0.8×1.0m
❹イギリス・ディクソン、2015　❺とても強い

明るい赤で房咲きになり、ゆっくり成長する。耐病性がたいへん強く、咲かせながら株も育つ。半日陰や樹下、砂利混じりの土壌など悪条件でも育てられる。コンパクトで鉢植えにも向く。

↑ ラ・セビリアーナ La Sevillana

❶朱赤色　❷8cm　❸横張り、1.0〜1.5×1.0m
❹フランス・メイアン、1978　❺強い

発売後30年以上にもなるが、当時から花色、花つき抜群で、耐病性に富む優れた品種の一つ。鉢植えにも向く。花は鮮やかな赤の半八重咲き。枝変わりに、'ピンク・ラ・セビリアーナ'がある。

ラーヴァグルート Lavaglut

❶濃赤色　❷5cm　❸横張り、1.0×1.0m
❹ドイツ・コルデス、1978　❺普通

丸弁で弁質がよく、花もちがよい。若木のときから花つきがよく、年々幹が太り小枝も多くなる。とげがやや多い。鉢植えにも向く。

ROSE 中・小輪

↑ ローズ うらら Rose Urara

❶濃ローズ色 ❷8cm ❸横張り、1.0×1.0m
❹日本・京成バラ園芸、1995 ❺普通

濃ローズ色の蛍光色で派手さがある。比較的丈夫で花つき抜群。バラの花壇に欠かせない品種になっている。鉢植えにも向く。枝変わりにつる性品種もある。

岳の夢（がくのゆめ）Gaku no Yume

❶赤、外弁白 ❷4～5cm ❸横張り、1.0～1.2×1.0m ❹ドイツ・コルデス、2011 ❺とても強い

房咲き系で花は小ぶりだが花つきがよく、樹勢も強く、地面が見えないほどよく茂る。耐病性抜群でうどんこ病、黒星病はほとんど発生しない。とても寒さに強く、耐暑性もある。大鉢仕立てによい。

↑ ジークフリート Siegfried

❶濃朱赤色 ❷9～10cm ❸直立、1.5×1.0m
❹ドイツ・コルデス、2010 ❺とても強い

1～5輪の房になる。房咲き系では大型になるが、うどんこ病、黒星病がほとんど発生しないのでよく育つ。暑さ寒さに強い。大鉢で育てられる。

↑ ノック・アウト Knock Out

❶ローズ色 ❷8cm ❸横張り、1.0～1.2×1.0m
❹フランス・メイアン、2000 ❺とても強い

シーズンを通して咲き続け、年々株が大きく育つ。日当たりがよければ土質は選ばない。病気、暑さ寒さにとても強く、誰でも育てられる。枝が年々太くなる。鉢植えは数年植え替えなくても咲き続ける。

プチ・トリアノン Petit Trianon

❶淡ピンク ❷9～11cm ❸横張り、1.2×1.2m
❹フランス・メイアン、2006 ❺とても強い

花は明るいピンクの浅いカップ咲き。房咲き系だが木は大型で枝も太く、とても丈夫。成長とともにベーサル・シュートは出なくなるが、枝が肥大成長する。

↓ **クイーン・エリザベス** Queen Elizabeth

❶ピンク ❷8cm ❸直立、1.6×0.8～1.0m
❹アメリカ・ラマーツ、1954 ❺強い

病気は発生するが株に力があり、丈夫。枝数が少ないため、手入れが楽で花がらを早めに切るとよく咲く。花は関東地方以西では明るい桃色、以北では深い桃色になる。乾燥に強い。潮風にも強い。

↑ **シャリファ・アスマ** Sharifa Asma

❶ピンク ❷10cm ❸横張り、1.3×0.8m
❹イギリス・オースチン、1989 ❺強い

横張り性で、大きめの花がよく咲く。成木の剪定は高さ1mを目安に枝を多く残す。耐病性が強く、とても丈夫で育てやすい。鉢植えは10号以上の大鉢が適する。

グレーテル Gretel

① クリーム白地サーモンピンク覆輪
② 7〜8cm　③ 横張り、1.0×1.0m
④ ドイツ・コルデス、2014　⑤ とても強い

蕾は外弁が濃い紅色、開くにつれて淡桃色、時間とともに内弁も紅色に変わる。耐病性が強く、病気知らずで。葉は美しい照り葉でほかの植物との相性もよい。

↓ コンスタンツェ・モーツァルト
Constanze Mozart

① 淡ピンク〜サーモンピンク　② 8〜10cm
③ 横張り、1.3×1.0m　④ ドイツ・コルデス、2012
⑤ とても強い

太い花茎に数輪の房咲きとなる。花は半剣弁高芯咲きからロゼット咲きに変化。香りが強い。鉢植えは大鉢に向く。うどんこ病、黒星病はほぼ見られない。

↓ オールド・ブラッシュ Old Blush

① ピンク　② 5cm　③ 直立、1.0×0.8m
④ 中国産　⑤ とても強い

春一番に咲くとても古い品種でオールドローズの一種。早咲きで4月中旬には咲き出す。病気に強く、薬剤を散布しなくても育つ。鉢植えにも向く。枝変わりにつる性品種もある。

パシュミナ Pashmina

❶白、中心ピンク　❷5cm　❸直立、1.0×0.8m
❹ドイツ・コルデス、2008　❺やや強い

樹形はコンパクトでこんもり茂り、鉢植えに向く。カップ咲きのころころとした花が愛らしく、葉は縁が切れ込むことがほかの品種に見られない特徴。小型種ながら丈夫で育てやすい。

↓ アイスバーグ Iceberg

❶白　❷7cm　❸横張り、1.2×1.0m
❹ドイツ・コルデス、1958　❺普通

房咲き系の白バラで、古い品種だが丈夫で病気になっても枯れにくいため、今でも人気がある。枝葉がよく茂り、こんもりとした樹形になるが、数年でベーサル・シュートが出なくなる。

↓ グラミス・キャッスル Glamis Castle

❶白　❷8cm　❸直立、1.0×0.7m
❹イギリス・オースチン、1992　❺普通

イングリッシュローズのなかでは小型で花つきがよい。シュートは出にくいが枝の寿命が長い。細枝が多いので冬剪定で混み合う内側の枝を除く。早春に芽数を制限する。ベーサル・シュートは早めにピンチ。

ROSE 中・小輪

ガーデン・オブ・ローゼズ Garden of Roses

❶アプリコットピンク ❷7〜10cm ❸横張り、1.0×0.8m ❹ドイツ・コルデス、2007 ❺とても強い

花弁の多いロゼット咲き。木肌はつるっとして堅く、とげが少ない。葉は美しい照り葉で密生する。コンパクトで鉢植えに向く。丈夫で育てやすい。

↓ **プレイボーイ**
Playboy

❶オレンジ色 ❷7cm ❸横張り、1.0×0.8m ❹イギリス・コッカー、1976 ❺やや強い

房咲き系のなかではよく伸びる。枝はとげが少なく、堅く丈夫で育てやすい。照り葉が美しい。やや大きくなるが鉢植えやスタンダード仕立てに向く。

↓ **パット・オースチン**
Pat Austin

❶濃オレンジ色 ❷10cm ❸横張り、1.2×1.2m ❹イギリス・オースチン、1995 ❺普通

最大の魅力は明るく輝くオレンジ色の花。細めの枝にカップ咲きの花がうつむきかげんに咲くのもよい。冬剪定は中心を高く、まわりを低く。枝の寿命が長く、鉢植えによい。

↓ **ファイヤーワークス・ラッフル**
Fireworks Ruffle

❶黄色、弁先赤 ❷8〜9cm ❸横張り、0.8〜1.0×1.8m ❹オランダ・インタープランツ、2014 ❺やや強い

個性的な花形のラッフルシリーズの1品種で、細弁でキクの花を連想させる。鉢植えやスタンダード仕立てに向く。じっくり育てたい。

ソレロ Solero

❶レモンイエロー ❷7〜8cm ❸横張り、1.5×0.8m ❹ドイツ・コルデス、2008 ❺とても強い

花弁が多く、ロゼット咲きになり、とても花つきがよい。葉は濃緑色の照り葉で病気に強い。夏の暑さにはやや弱く、葉が黒ずむので西日を避ける。涼しい風が通るところではよく育つ。

<small>NP-S.Oizumi</small>

リモンチェッロ Limoncello

❶濃黄色 ❷4cm ❸横張り、0.8×1.0m ❹フランス・メイアン、2008 ❺とても強い

濃黄色の一重咲きだが、耐暑性、耐寒性が強く、春から晩秋まで咲き続ける。枝は細いが、とても丈夫で、病気はほぼ出ない。鉢やプランターに向く。枝を誘引するとつるバラのように伸びる。

<small>NP-M.Tanabe</small>

↑ **ベティー・ブープ** Betty Boop

❶クリーム地赤覆輪 ❷7cm ❸横張り、1.0×0.8m ❹アメリカ・カルース、1999 ❺普通

半八重の平咲きで咲き始めはクリーム地に赤覆輪、咲き進むと白地の赤覆輪になる。枝は細めだが丈夫で育てやすい。鉢植えやスタンダード仕立てに向く。

↑ **伊豆の踊子** Izu no Odoriko

❶黄色 ❷9cm ❸直立、1.5×0.8m ❹フランス・メイアン、2001 ❺やや強い

黄色のバラは早咲きが多いが本品種は遅咲き。房咲き系だが樹高が高く、乾燥と暑さに強い。丸弁ロゼット咲き。花がらを早めに切ると何回も咲かせられる。

ROSE 中・小輪

ノヴァーリス Novalis

❶ラベンダー色 ❷10cm ❸直立、1.5×0.8m
❹ドイツ・コルデス、2010 ❺とても強い

紫系の花の品種は耐寒性に欠けるものが多いが、本品種は寒さに強く、暑さにも強い。病気もほとんど発生しない。香りもよい。直立の樹形で枝が堅く、とても育てやすい。

ディスタント・ドラムス Distant Drums

❶茶紫、外弁が淡桃紫 ❷9cm ❸直立、1.2×0.8m
❹アメリカ・バック、1984 ❺やや弱い

個性的な花色で育ててみたくなる魅力がある。枝が多く、春の花つきはとてもよいが夏はやや暑さに弱い。花がらを早めに切り、夏は咲かせないで涼しく管理する。鉢植え、スタンダード仕立てに向く。

↓ ラベンダー・メイディランド Lavender Meidiland

❶ラベンダー色 ❷5cm ❸横張り、1.0×1.0m
❹フランス・メイアン、2008 ❺とても強い

花壇はもちろん、鉢植えやプランターに向き、トピアリーなどにも適する使い勝手のよい品種。病気に強く、葉を落とすことがない。暑さ寒さにも強い。

12か月
栽培ナビ

主な作業と管理を
月ごとにわかりやすくまとめました。
毎月の手入れで株を健康に育て、
美しい花を咲かせましょう。

ブラッシング・ノック・アウト
ノック・アウト（20ページ）の枝変わり品種。

January
1月

今月の主な作業

- 基本 冬の剪定
- 基本 寒肥（庭植え）
- 基本 大苗の植えつけ
- トライ さし木（休眠枝ざし）

基本 基本の作業
トライ 中級・上級者向けの作業

1月のバラ

　寒さは厳しさを増し、一部の耐寒性の強い品種のなかには日だまりで蕾や花をつけているものも見られますが、多くの品種は休眠中で、寒気に当たり、枝が赤褐色に変色しています。葉をつけている品種は葉が紅葉している場合も少なくありません。園芸作業は少ない時期ですが、バラは、この時期が最も大切な冬の手入れである剪定の適期です。

咲き誇る'シャリファ・アスマ'。冬の剪定がこの美しい株姿をつくる。

主な作業

基本 冬の剪定（30ページ参照）
枝を切って株を整理する必須の作業

　冬の剪定は、休眠期に枝を切って、株を整理する作業のこと。株を健康に保ち、毎年安定した花数を維持するための大切な作業です。

　バラは、剪定をしなくてもすぐに枯れることはありませんが、枯れた枝や花がらのついた枝で株のなかが混み合い、風通しや日当たりが悪くなります。放置すると株の老化が進み、花も貧弱になります。そこで、枝を整理する剪定を必ず行います。

　2月になるとバラの根が活動を始めます。なかには早く芽が出る品種もあり、それらは芽が動く前の1月上旬には剪定します。多くのバラは2月に根と芽が動きだします。そこで、剪定は1月中に行います。

基本 寒肥（庭植えの株）（36ページ参照）
年に1回の最も大切な肥料

　庭植えのバラに「寒肥」を施します。寒肥は、バラをはじめ、庭木や宿根草などに冬に施す肥料のこと。主に肥効

今月の管理

- ❄ 植えつけまもない株は霜に当てない
- 💧 鉢植えは鉢土が乾いたら、庭植えは不要
- 🌱 鉢植えは不要、庭植えは寒肥
- 🐛 カイガラムシに注意

が長く、ゆっくりと効く有機質肥料を株元に埋め込みます。庭植えのバラの場合は、年に1回の最も大切な施肥で、バラが1年活動するために必要な養分（チッ素＝N、リン酸＝P、カリ＝Kのほかに微量要素など）を与えるものです。

基本 大苗の植えつけ、鉢替え

暖かい日の午前中に。作業後は防寒

寒い日が続き、作業の最適期ではありませんが、やむをえず今月行う場合は、庭植え、鉢植えとも防寒が大切です。作業は暖かい日の午前中に行い、鉢植えは寒風の当たらない軒下などに置き、庭植えは地表をマルチングし、枝は不織布などで覆います。詳しくは38、40ページ参照。

トライ さし木（休眠枝ざし）（35ページ参照）

休眠枝を長さ20cmに切ってさす

バラのさし木は5〜6月、9〜10月にさす緑枝ざしのほかに、休眠中の枝をさす「休眠枝ざし」があります。今月は休眠枝ざしの適期です。葉がない季節だけに意外と管理しやすく、成功率も高いです。

管理

🔼 庭植えの場合

💧 **水やり：不要**

乾いた寒風が吹く太平洋側の地域では、晴天が続く場合、土壌の乾き具合を見て乾燥していれば与えます。

🌱 **肥料：寒肥**（36ページ参照）

🪴 鉢植えの場合

❄ **置き場：霜の当たらない場所**

植えつけまもない株、病気などで早くに葉を落としてしまった株は寒風や霜の当たらないところに置きます。

💧 **水やり：晴れた日の午前中**

気温が上昇する午前9時以降に与え、午後3時以降は与えません（鉢土が過湿状態では夜間の凍結も考えられる）。

🌱 **肥料：不要**

🐛 **病害虫の防除：カイガラムシ類**

古歯ブラシでこすり落とします。被害がひどい場合や株数が多い場合は、薬剤で駆除できます。

カイガラムシ

基本 冬の剪定　適期＝1月

作業の前に知っておきたい基本の知識

剪定のメリット

1 よい花が咲く

芽数、枝数を制限するため、適度な花数になり、品種本来の大きさのよい花が咲く。

2 株が充実し、シュートが発生しやすい

株を整理し、古い枝や弱小枝を切ることで株の内部に日が当たり、株が充実し、健全に育つ。病害虫の発生も少なくなる。また、ベーサル・シュートが発生しやすい品種は、肥料や水やりなどの管理を適切に行えば、株元から勢いのよいベーサル・シュートが出る。

3 株をコンパクトにできる

乱れた樹形の株をコンパクトに仕立て直せる。特に修景用、グラウンドカバー用のバラは観賞に適した高さを保つことが大きな目的。

4 開花時期、花数、花の大きさ、花茎の長短を調節できる

早く咲かせたい場合は浅め（高い位置）に切る。深く（低い位置）切るほど、開花は遅くなり、小さな花が咲く。花数をふやしたいときは浅めに切り、枝数を多く残すと花は小ぶりになるがたくさん咲く。花茎（花枝）の長さをコントロールできる。花茎は剪定しないと短く、中ほどで剪定すると長くなる。

剪定の基本

❶ 一番花の花茎（花枝）を切る
❷ すべての枝を切る
❸ 枯れ枝や弱小枝はつけ根で切る
❹ 太い枝、堅い枝は浅く、細い枝、柔らかい枝は深く切る
❺ 鋭利な剪定バサミを使い、太枝は歯の細かいノコギリを使う
❻ 葉は、すべてかき取る（芽を傷めないように葉柄を下向きに）

剪定前の中輪品種。枝が混み合い、乱れた姿になっている。

剪定後。枝が整理された。

前年に一番花を咲かせた枝を2〜3節（約10cm）残して切る。大輪品種は樹高の2分の1を、中・小輪品種は樹高の3分の2〜2分の1の位置を目安に切る。

株が大きく、大輪の品種

おおむね、樹高の2分の1を目安に剪定。2分の1の位置に一番花の花茎（花枝）がない場合は前々年の一番花の枝で切る。

前年に一番花を咲かせた枝を2〜3節（10cm）残して切る

10cm

ベーサル・シュート

枯れた枝や弱小枝はつけ根から切る

古い枝

½

※ ベーサル・シュートの剪定は33ページ参照。

枝の切り方

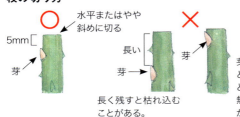

水平またはやや斜めに切る
5mm
芽

長い
芽

芽のきわを切ると芽を傷めることがある。また、無理に切ると枝が縦に割れる。

長く残すと枯れ込むことがある。

外芽と内芽

株の中心から見て、外側を向いている芽が外芽、株の内側を向いている芽が内芽。鉢植えや直立性の株の場合、多くは外芽で切る。横張り性の株で葉張りが広がりすぎる場合は内芽で切ることもある。

| 基本 **冬の剪定** | 適期＝1月 | 樹高の2分の1～3分の2の位置を目安に切る。 |

株の大きさが中ぐらいで、中・小輪の品種

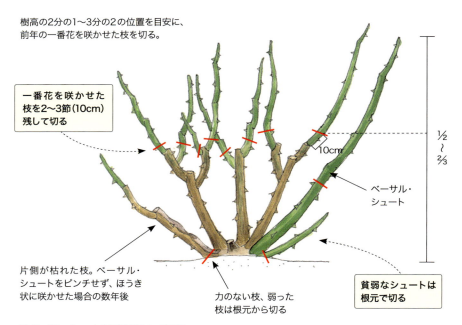

樹高の2分の1～3分の2の位置を目安に、前年の一番花を咲かせた枝を切る。

- 一番花を咲かせた枝を2～3節(10cm)残して切る
- 10cm
- ½～⅔
- ベーサル・シュート
- 片側が枯れた枝。ベーサル・シュートをピンチせず、ほうき状に咲かせた場合の数年後
- 力のない枝、弱った枝は根元から切る
- 貧弱なシュートは根元で切る

※ ベーサル・シュートの剪定は33ページ参照。

Column

植えつけ1～2年目は剪定不要

　植えつけて1～2年の若木は、成木になるまでは無理に切らなくてもかまいません。まず、株を早く大きくするために、枝を伸ばしたままにすると、早く大きくなります。成木（一人前のバラ）はおおむね植えつけ後3年を経過したバラで、一般的な品種で樹高1.2～1.5m、葉張り（枝張り）0.8～1.0mぐらいです。最初のベーサル・シュート（株元から発生する新枝）は、直径2cmほどに育っています。枯れ枝を切り、ベーサル・シュートを長さ1mぐらいのところで切り（33ページ参照）、ほかは切らずに残します。

基本 冬の剪定（ベーサル・シュートの剪定）

2年目は高さ1m、3年目以降は80cmを目安に剪定する。

1月

2年目の1月

高さ1mで剪定する。

1m

3年目の1月

前年伸びたベーサル・シュートを高さ80cmで剪定する。

3年目のベーサル・シュート

前年5〜6月に出たベーサル・シュート

80cm

10cm　10cm

翌年の1月に花茎を10cm残して切る。

冬の剪定 （鉢栽培の株の場合）　大輪品種の3年目の株を剪定する。

用意するもの
剪定バサミ

1　枯れ込んだ枝を切る
枯れ込んだ枝❶❷を切る。

2　弱小枝、古枝を切る
株元の弱小枝❸、1年目の古い力のない枝❹を切る。写真は弱小枝❸を切るところ。

3　前年の一番花の枝を切る
一番花の枝❺❻❼❽❾を2～3節残して、外芽で切る。写真は❺を切るところ。

トライ さし木（休眠枝ざし）　適期＝1月下旬～2月中旬

用意するもの

さし穂＝休眠枝（前年伸びた枝で直径5～7mmのものが発根しやすい。長さ20cm程度に切る。芽数にはこだわらない）、8号鉢、用土。
＊ピートモスは酸度無調整。

さし木用土
- 赤玉土小粒 3
- パーライト 1.5
- ピートモス 1.5
- 鹿沼土小粒 4

上の枝はさし木に適した枝。下の枝は芽が伸び始めているので、さし木に適さない。発根する前に枝の養分で芽が伸び出してしまう。

1

長さ20cmに切り、一晩水を吸わせる
さし穂は長さ20cmに切りそろえ、一晩水につけ、水を十分に吸わせる。

3

たっぷり水を与える
鉢底からみじん（粉状の用土）が流れ出るまで、たっぷり水を与える。

2

10cmほどさす
用意した鉢に用土を入れ、さし穂を10cmほどさし、ラベルを立てる。

作業後の管理

住まいの東側の壁際や軒下などに置く。用土が乾いたら水を与えるが過湿にしないように気をつける。また、さし穂に絶対に動かさない。緑枝ざしに比べ、管理が楽で成功率が高い。5月ごろに発根するので鉢上げできる。ちなみに1～2月にさすと2月ごろから芽が動くが、根が出るのは5月になる。

＊種苗法により、品種登録されたバラは、ふやしても個人で楽しむ以外、他人への譲渡や販売はできません。

基本 寒肥を施す（庭植え）

適期＝12月中旬〜2月上旬

用意するもの（成株1株当たり）
① 油かす200g
② 骨粉200g
③ 熔成リン肥200g
④ 堆肥5ℓ

寒肥は植えつけ2年目以降の株に施す

＊ 小さな株や生育不良で元気のない株は肥料の量を2分の1〜3分の1とする。
＊ バラの株のまわりの土が固まっている場合は、穴を直径、深さとも40cmぐらいに大きく掘って土を軟らかくする。こうすると水はけがよくなり、根の呼吸を助け、生育がよくなる。

施肥用の穴を掘る場所がない場合

バラの周囲にほかの植物があり、穴を掘れない場合は、市販のぼかし肥100gと堆肥5ℓを混ぜて、株元を覆うようにマルチングする。

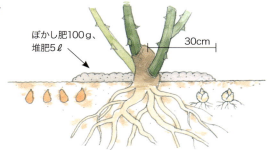

穴を掘る
株元から30cm離れたところに直径、深さとも30cmの穴を2か所掘る。

堆肥、肥料を入れる
穴に1か所当たり堆肥約2ℓ、油かすと骨粉各100gを入れる。

ショベルでよく混ぜる
穴底の土と入れた堆肥、肥料がよくなじむようにショベルで混ぜ合わせる。

熔成リン肥を入れる
1か所当たり100g投入する。熔成リン肥は根や土壌微生物の出す有機酸で溶けるので根の近く、穴の上のほうに入れる。

掘り上げた土にも堆肥を混ぜる
残りの堆肥を掘り上げた土にも加えてよく混ぜる。

掘り上げた土を穴に戻す
堆肥を混ぜた残りの土を、穴に戻し、軽く押さえておく。

February 2月

今月の主な作業

- 基本 大苗の植えつけ、移植
- 基本 鉢替え
- 基本 寒肥（庭植え）
- トライ さし木（休眠枝ざし）
- トライ つぎ木

基本 基本の作業
トライ 中級・上級者向けの作業

2月のバラ

立春のころは寒さが残り、多くの植物はまだ休眠中です。バラは見た目は休眠中に見えますが、土中で根が動き、春への準備を進めています。先月、剪定を済ませていない人は大至急、剪定しましょう。大苗の植えつけ、移植や鉢替えに最適の時期です。早くに芽が動き、伸びている場合は44ページの要領でわき芽かきをしましょう。

四季咲きの中輪品種'シェエラザード'。今月～3月上旬に行う鉢土を取り替える「鉢替え」が順調に生育させるポイント。

主な作業

基本 大苗の植えつけ、移植

植えつけ、移植に最も適した時期

大苗は晩秋から流通しますが、一般的には根が動きだす2月中旬～3月上旬が植えつけに最適の時期です。図の要領で植えつけます。詳しい植えつけの手順は4月の項（52ページ）で紹介しています。

大苗の植えつけ方

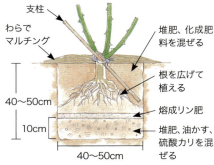

基本 鉢替え（40ページ参照）

鉢植えを新しい用土で植え替える

鉢替えは鉢植えのバラを植え替えること。劣化した用土を新しくし、株を元気にします。一般的には2～3年に1回の割合で、40ページの要領で植え替えます。多くの場合、鉢を一回り大

今月の管理

- ❄ 植えつけまもない株は霜に当てない
- 💧 鉢植えは鉢土が乾いたら、庭植えは不要
- ⚫ 鉢植えは不要、庭植えは寒肥

きくし、古土を落として新しい用土で植え替えます。長年育てている大株の場合は、鉢から抜いて根鉢の周囲の土を2割ほど落とし、元の鉢に株を戻し、周囲に新しい用土を加えます。しっかり用土が入るように、割りばしなどで突き込みながら用土を足していくとよいでしょう。

基本 寒肥
先月施さなかった場合は上旬までに

先月、庭植えの株に寒肥を施さなかった場合は、なるべく早く、今月上旬には済ませます（36ページ参照）。

トライ さし木（休眠枝ざし）
休眠枝を長さ20cmに切ってさす

先月に引き続き、休眠枝をさす「休眠枝ざし」ができますが、上旬までに済ませます（35ページ参照）。

トライ つぎ木（41ページ参照）
ノイバラの台木に、穂木をつぐ

プロがバラをふやす方法の一つで、ノイバラの台木にふやしたい品種をつぎ木します。冬のつぎ木は台木に穂木をつぐ「切りつぎ」と呼ばれる方法です。ていねいに作業をすれば、初心者でも成功率が高いので試してみてはいかがでしょう。

管理

🔼 庭植えの場合

💧 水やり：不要
1月に準じます。

⚫ 肥料：寒肥（1月に施さなかった場合。36ページ参照）。

🪴 鉢植えの場合

❄ 置き場：霜の当たらない場所
植えつけまもない株、病気などで早くに葉を落としてしまった株は寒風や霜の当たらないところに置きます。

💧 水やり：晴れた日の午前中
気温が上昇する午前9時以降に与え、午後3時以降は与えません（鉢土が過湿状態では夜間に凍結も考えられる）。

⚫ 肥料：不要

🦠 病害虫の防除：不要
ただし、先月、カイガラムシの駆除を行わなかった場合は、なるべく早く、芽を傷めないように気をつけながら、古歯ブラシなどでこすり落とします。被害がひどい場合などは薬剤で駆除できますが、芽を傷めるので芽が動きだしている株には行えません。

基本 鉢替え

適期＝1月上旬～3月上旬

鉢植えは2～3年に1回、鉢と用土を新しくする鉢替えを行う。

用意するもの
植え替える株、
二回り大きな鉢、
ゴロ土、
用土（10ページ参照）。

3 新しい鉢に植えつける
用意した鉢にゴロ土、用土を適量入れて根鉢を据える。

1 鉢から株を抜き出す
鉢から株を抜き、根の張り具合を見る。健康な株はよく根が回っている。

4 用土を加える
根鉢の周囲に用土を加える。用土が根の間にもすき間なく入るように割りばしなどで突き込む。

2 根鉢を2割くずす
根かきで、根鉢の周囲から根をくずし、およそ2割の土を落とす。

5 たっぷり水を与えて終了
剪定が済んでいなければ、このとき済ませる。不織布などで防寒し、霜の当たらない軒下などに置く。

トライ つぎ木（切りつぎ）　適期＝2月中旬～3月上旬

用意するもの
- Ⓐ 手袋（刃物を持つ手用の薄い手袋と、反対側の手用の軍手）
- Ⓑ つぎ木テープⓐ（つぎ木部を固定する）
- Ⓒ つぎ木テープⓑ（つぎ穂を包める通気性、伸縮性のあるもの）
- Ⓓ 切り出しナイフ
- Ⓔ 剪定バサミ
- Ⓕ 穂木
- Ⓖ 台木

※穂木は、直径7mmぐらいの太さの堅く充実した枝を使う。

① 台木を準備する
写真のように上部と根を切り、つぎ木の準備をする。

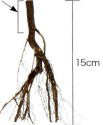

② 台木を調整する
台木に右図❶❷の要領でナイフを入れる。

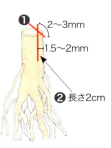

③ 穂木を調整する
穂木のとげを切り取り、1～2芽つけて長さ5cm程度に切り、右図❶❷のようにナイフを入れる。

❷ははえぐらないで薄くまっすぐ切り下げる。

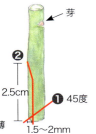

④ 台木に穂木を差し込む
台木の切れ込みに穂木を差し込む。形成層を合わせることがポイント（台木の左右どちらかの形成層に穂木の形成層を合わせる）。

※ 台木と穂木の太さは、台木6：穂木4ぐらいがよい。

⑤ つぎ木テープで固定する
つぎ木テープⓐの端を5～6cm残して、穂木と台木のつぎ目をテープでしっかりと数回巻き、結び留める。さらに通気性、伸縮性のあるテープⓑで、穂木を包み込むように巻く。

つぎ目をつぎ木テープⓐでしっかり結び留める。

作業後の管理～過湿にしない
赤玉土小粒、または赤土で7号鉢に仮植えする。保温と防寒のため、つぎ穂の上に5号鉢（濃緑色）をかぶせる。玄関など無加温の室内に置く。つぎ木した苗は過湿にすると芽も根も出にくくなるので、乾かし気味に管理する。芽が伸び始めたら5号鉢を外す。葉が4～5枚展開したら、5号深鉢に鉢上げする（およそ2か月後）。

March
3月

今月の主な作業

- 基本 大苗の植えつけ。上旬に済ませる
- 基本 鉢替え。上旬に済ませる
- 基本 わき芽かき
- トライ つぎ木。上旬に済ませる

基本 基本の作業
トライ 中級・上級者向けの作業

3月のバラ

　日に日に陽光が暖かくなり、植物が芽を吹きます。バラも上旬にはほとんどの品種で芽が伸び出し、下旬になると早いものは葉が展開します。この時期は意外に多くの手入れが必要です。鉢植えは芽が1cm伸びたら置き肥を開始します。葉が展開すると病害虫にも気をつけなければなりません。毎日、生育の様子をよく観察して適切な管理を心がけましょう。

愛らしい花が房咲きになり、耐病性抜群の'プチ・トリアノン'。

主な作業

基本 **大苗の植えつけ、移植**
3月上旬までに済ませる
　大苗の植えつけ（38ページ参照）や移植ができますが、作業はなるべく早く3月上旬には済ませましょう。

基本 **鉢替え**（40ページ参照）
鉢土を新しくする。作業は上旬に
　鉢替えは鉢植えのバラを植え替えること。劣化した用土を新しくし、株を元気にします。一般的には2～3年に1回の割合で植え替えます。上旬までが適期です。

基本 **わき芽かき**（44ページ参照）
芽が2本伸びていたら
弱い芽を1本かき取る
　バラは1か所に3個の芽がありますが、多くは真ん中の主芽が伸びます。剪定後の寒さのためにこの主芽が生育を止め、左右の芽（副芽）が2本伸び出すことがあります。この場合、片方の芽をかき取ります。

トライ **つぎ木**（41ページ参照）
今月上旬までつぎ木ができる
　ノイバラを台木に、好みの品種をつぐつぎ木ができます。41ページの要領で挑戦してみましょう。

今月の管理

- ☀ 日当たりのよい場所に
- 💧 鉢植え、庭植えとも乾いたら
- 🌰 鉢植えは置き肥、庭植えは不要
- 🐛 病害虫の発生に注意

管理

🌱 庭植えの場合

💧 水やり：乾いたら株元に

　晴天が続き、土壌が乾燥していたら、株元にたっぷり水を与えます。芽が伸び出す時期なので吸水量が多く、水不足は禁物です。

🌰 肥料：不要

⚪ その他 ❶：防寒の不織布を外す

　芽が1cm伸びたら、かぶせてある不織布を取り外します。

⚪ その他 ❷：除草

　地温の上昇とともにハコベやイヌガラシ、スズメノカタビラなどの雑草が生えてきます。こうした雑草は見かけたらすかさず抜き取ります。

🪴 鉢植えの場合

☀ 置き場：日当たりと風通しのよい場所

　雨の日は軒下などに移動させて、雨を避けると病気の発生が少なくなります。

💧 水やり：乾き始めたらたっぷり

　芽が伸び出す時期なので乾かさないように、鉢土の表面が乾き始めたら、午前中にたっぷり水を与えます。

🌰 肥料：芽が1cm伸びたら置き肥を開始

　発酵油かすの玉肥など、有機質の固形肥料を毎月1回、鉢の縁に置きます。親指の頭程度の大きさの肥料なら6号鉢で2個、8～10号鉢で3個を目安とします。

🐛 病害虫の防除：アブラムシ、ハマキムシ、灰色かび病、うどんこ病、べと病

　3月になると芽が伸び、葉が展開し始めるので、病害虫の発生が見られます。病気では上旬から灰色かび病が、下旬からうどんこ病、べと病が見られます。害虫では新芽にアブラムシ、ハマキガの幼虫が発生します。葉が展開したら下旬に1回薬剤散布を行いましょう。病気に「弱い」、あるいは「普通」の品種を育てている場合は2回の散布を行えば安心です。前年に黒星病が発生した株や庭では、忘れずに殺菌剤を散布しましょう。なお、気温の低い早朝に薬剤散布を行うと、べと病を誘発する場合があります。

有機質の固形肥料を鉢の縁に置き肥する。

基本 わき芽かき

適期＝2月下旬～3月中旬

1か所から2本伸びた芽は1本かき取る。
株のなかの混み合う芽も整理する。

芽が2本伸びている枝。1本かき取る「わき芽かき」が必要。

貧弱なほうを1本かき取る

混み合う芽もかき取る

株の内側を向いた枝や混み合う芽もわき芽かきの要領でかき取り、株を整理する。

病害虫を減らすために

　バラの手入れのなかでも最も大切なものが病気と害虫の防除です。適切な時期に適切な防除が肝心ですが、栽培環境を整え、発生初期の素早い対処で病害虫はかなり減らすことができます。

予防のために栽培環境を整える
～日当たり、風通しのよい環境で

　病気と害虫を減らすには、まず、栽培環境を整えることが大切です。鉢の置き場や植えつけ場所は日当たりと風通しのよい場所を選び、庭植えでは水はけのよい土壌に改良する、株間をあける、必要以上の肥料を施さないなど、バラが健全に育つように配慮します。肥料を施しすぎるとバラは軟弱に育ち、病害虫に侵されやすくなります。

バラは日当たり、風通しがよい場所を好む。密植を避け、株間をあけることも病害虫を減らすコツ。

Column

病気に強い品種を選ぶ
～手強い病気には耐病性品種を

最近の品種の多くが耐病性に優れています。なかにはほとんど無農薬でも育つ強健なバラもあります。品種を選ぶ際は、まず、耐病性を調べ、なるべく病気に強い品種を選びましょう。

早期発見が大切
～手軽なハンドスプレーの薬剤を活用

病害虫の防除は、早期発見が肝心です。被害が少なければ使用する薬剤も少なくてすみます。特に黒星病などの病気はわずかでも兆候が現れるとすぐにまん延します。3月下旬になったら毎日バラを観察し、病害虫の兆候を早く見つけ、素早く防除しましょう。特に梅雨どきは雨のあとに急激に広がることが多いので、鉢植えは雨に当てないようにし、庭植えのバラには雨が上がったら予防散布を行いましょう。

なお、最近はハンドスプレータイプの殺虫殺菌剤がふえています。早期発見や株数が少ない場合はたいへん便利です。

庭のほかの植物の病害虫にも注意

バラの病害虫の多くはバラだけに被害を及ぼすわけではありません。周囲の植物と共通の病害虫が多いので、多くの植物を育てている庭では周囲の植物の病害虫にも気をつけ、バラと同時に防除に努めます。特に致命傷を与えるゴマダラカミキリの幼虫などはカエデの仲間によく発生します。カエデの仲間がある庭では、カミキリムシに注意が必要です。

※病害虫とその防除法は78ページをご覧ください。

黒星病、うどんこ病用のハンドスプレーの薬剤。

病気と害虫の両方に使えるハンドスプレーの薬剤。

右上／発生初期ならハンドスプレータイプの薬剤をひと吹きすれば防除できる。
右下／葉裏からの散布も簡単にできる。

April
4月

今月の主な作業

- 基本 新苗の植えつけ
- 基本 開花調節
- 基本 花がら切り
- トライ 新苗のピンチ

基本 基本の作業
トライ 中級・上級者向けの作業

4月のバラ

　日ごとに緑が濃くなり、気温が上昇します。'オールド・ブラッシュ'など早咲きのバラが咲き始め、多くの品種で小さな蕾が見えてきます。今月から新苗が出回ります。

　病害虫の早期発見に努め、開花調節などの手入れで一番花を長く楽しみましょう。また、育てているバラをよく観察して、生育特性を知りましょう。今後の手入れのヒントになります。

4月から咲き始める'オールド・ブラッシュ'。暖かい地域では冬も葉を残す。

主な作業

基本 新苗の植えつけ（50ページ参照）

今月からつぎ木1年目の新苗が流通
　新苗の植えつけができます。

基本 開花調節

蕾を摘み、花を長く楽しむ工夫
　開花調節は、一部の蕾を摘み取り、開花期間を調節すること。この作業は生育旺盛な株だけでなく、若い株、弱った株でも行い、蕾のついた若い枝先を指で摘み取るピンチ（＝ソフト・ピンチ、摘心）、やや伸びた堅い枝はハサミで切る（＝ハード・ピンチ）こともあります。蕾がたくさんついた元気な株は2割ほどの蕾を摘みます。蕾を摘んだ枝は再び蕾をつけておよそ1週間後に開花します。開花調節で株の消耗も防ぎます。若木や弱った株では、花を咲かせないことで葉をふやします。葉や枝がふえれば、生育も早まり、弱った株は元気になります。こうすることで株元からのベーサル・シュートも出やすくなります。

開花期の大切な手入れは花がら切り。

基本 花がら切り（49ページ参照）

花が終わりかけたらすぐに切る

　四季咲きバラは花が終わりかけたら、次の花を咲かせるために花がらを切ります。放置すると子房がふくらみ、タネができ、株が消耗し、枝も堅くなって、次の花が咲くまでに時間がかかります。場合によっては休眠してしまったり、至るところから枝を出したりする場合もあります。秋バラのための夏剪定時にどこで切るか、悩むことにもなります。

トライ 新苗のピンチ

蕾を摘み取り、株を早く大きく

　新苗は、夏に芽つぎ、冬に切りつぎし、春から売り出される若い苗です。花を咲かせると株が消耗し、なかなか大きくなりません。そこで、早く株を大きくするために、蕾を指先で摘み取る「ピンチ」を行います。花が咲いていたら花首だけを摘み取ります。このピンチを初秋まで続け、秋花は咲かせます。

蕾がたくさんつき、開花間近の株。開花調節すると花を長く楽しめる。

開花調節は蕾のついた枝先を摘み取る。

新苗の花が咲いていたら花首から、蕾が大きくふくらんでいたら写真のように蕾を摘み取る。

今月の管理

- ☀ 日当たりのよい場所に
- 💧 鉢植え、庭植えとも乾いたら
- 🌱 鉢植えは置き肥、庭植えは不要
- 🐛 病害虫を防除

管理

🔼 庭植えの場合

💧 水やり：乾いたら株元に

晴天が続き、土壌が乾燥していたら、株元にたっぷり水を与えます。

🌱 肥料：不要

⚪ その他 ❶：除草

ハコベやイヌガラシ、スズメノカタビラ、タネツケバナなどの雑草は見つけしだい抜き取ります。

⚪ その他 ❷：株元の土を固めない

開花調節や除草などの手入れで株の周囲を歩く場合は、株元から半径50cmぐらいは踏みつけないようにします。

🪴 鉢植えの場合

☀ 置き場：日当たりと風通しのよい場所

雨の日は軒下などに移動させ、雨を避けると病気の発生が少なくなります。

💧 水やり：乾き始めたらたっぷり

毎日、鉢土の乾き具合を観察し、乾き始めたら鉢底から流れ出るまで、たっぷりと与えます。晴天で気温が高く、よく乾く日は6～7号鉢はもちろん、8号鉢でも1日2回与えなければならない場合もあります。水不足は蕾のつかないブラインド枝発生の原因になります。

🌱 肥料：置き肥

発酵油かすの玉肥など有機質の固形肥料を月1回、鉢の縁に置きます。親指の頭程度の大きさの肥料なら6号鉢で2個、8～10号鉢で3個を目安とします。

🐛 病害虫の防除：アブラムシ、ハマキガの幼虫、クロケシツブチョッキリ、灰色かび病、黒星病、うどんこ病、べと病

気温が上昇し、いろいろな病害虫の発生が見られます（78ページ参照）。

アブラムシ　ハマキガの幼虫　うどんこ病　べと病

基本 花がら切り

適期＝4月中旬〜11月中旬

花がらは花茎（花枝）の中間で切る。
花茎の長い品種は深めに切る。

一般的な品種

終わりかけた花

花茎の長さの中間で切る

一般的な品種は花茎の中間ぐらいで切る。必ず下葉を残す。病気などで下葉を落とした場合は花だけを摘む場合もある。

花茎が伸びる品種

やや深め
深め

やや深め、または深めに切る

耐病性の強い品種などで、花茎がよく伸びる品種の場合はやや深め、または深めに切る。

花茎

花茎の長さの中間で切る。

深めに切ったほうがよい品種

'アライブ' 'グレーフィン・ディアナ'
'ゴスペル' 'ビバリー'
'ピンク・パンサー'
'プリンセス・シャルレーヌ・ドゥ・モナコ'
'マイガーデン' 'ルイの涙' など。

基本 新苗の植えつけ 　適期＝4〜6月

🪴 鉢植え

用意するもの

用土

赤玉土小粒 5
パーライト 1
ピートモス 1
鹿沼土小粒 3

ゴロ土（赤玉土大粒）

赤玉土中粒

新苗の苗木
（切りつぎ苗）

＊ほかに6号鉢（樹脂製）が必要。
＊ピートモスは酸度無調整のものを用い、乾いていると水をはじくのであらかじめ湿らせておくとよい。
＊用土に元肥は入れない。鉢植えは置き肥が基本。

Column

上手な新苗の選び方

新苗は4月から夏まで流通し、多くは枝が1本伸びて、蕾がついているか、花が咲いています。よい新苗の見分け方を覚えましょう。

1 節間が間のびせず、それなりに長く伸びている。
2 葉色がよく、葉が多くついている。
3 病害虫の痕跡がない。
4 台木の太さは1cmぐらいで、よく伸びている。
5 2月に鉢上げした苗がよい。遅れた苗は芽つぎ苗なら枝が細く、切りつぎ苗は葉が少なく、上部が切ってあることが多い。
6 4月上旬で長さ30cmを超えている苗は、加温されている場合が多いので寒さや遅霜に注意する。
7 品種名のラベルがついている。種苗会社名が記載されている。

1 ゴロ土を入れ、赤玉土中粒でゴロ土のすき間を埋める

ゴロ土を厚さ2cmぐらい入れ、ゴロ土の粒のすき間を埋めるように赤玉土中粒を少量入れる。

2 根鉢をくずさず、苗木を据える

苗木のつぎ口が鉢の縁から2cm下になるように、鉢底に用土を適量入れ、苗木の根鉢をくずさず、鉢に据える。

3 根が露出しないように用土を入れる

つぎ口の下の根が隠れるまで、根鉢のまわりに用土を入れる。水を与えると用土が沈むのでやや多めに。

4 水やりでみじんを抜く

鉢底から流れる水が透明になるまでたっぷり水を与え、みじん（粉状の用土）を抜く。

作業後の管理

日当たりのよい場所に置き、鉢土の表面が乾いたらたっぷり水を与える（夏は朝夕の涼しい時間帯に）。なお、鉢を庭に置く場合は、根が鉢底から土中に伸びるのを防ぐため、土の上ではなくレンガなどの上に鉢を置く。

つぎ口が隠れない程度に用土が入った。

植えつけ後の新苗。根が回ったら支柱を抜き取る。

基本 新苗の植えつけ

適期＝4〜6月

🔺 庭植え

日当たりのよいところに植えつける

植えつけ場所は日当たり、風通し、水はけがよいところを選びます。以前にバラが植えてあった場所は、忌地現象（同じ種類や近縁の植物を植えてあったところではあとから植える植物が生育不良になること）が見られるので避けます。場所がない場合は客土（土を清潔な赤土などに入れ替える）しましょう。

用意するもの

苗木、土壌改良材と肥料（完熟堆肥2ℓ、油かす200g、熔成リン肥200g、硫酸カリ100g、化成肥料〈N-P-K=10-12-8など〉一握り）、マルチング用のわら（市販品）、支柱。

熔成リン肥（ゆっくり効くリン酸肥料で酸度調整作用もある）

硫酸カリ（速効性のカリ肥料）

新苗の植えつけ方

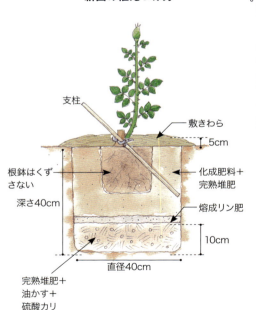

支柱 / 敷きわら / 5cm / 根鉢はくずさない / 化成肥料＋完熟堆肥 / 深さ40cm / 熔成リン肥 / 10cm / 直径40cm / 完熟堆肥＋油かす＋硫酸カリ

❶ 植え穴を掘り、堆肥、油かす、硫酸カリを入れる

堆肥の7〜8割、油かす、硫酸カリを入れ、ショベルで底土によく混ぜる。

❷ 熔成リン肥をまく

水に溶けず、根の有機酸で溶ける熔成リン肥は、根に近いところに入れたいので上にまき、軽く混ぜる。

③ つぎ口がやや埋まるぐらいの深さに苗を据える

植えつけ後に土が沈下するので、つぎ口がやや埋まるぐらいの位置に苗を据える。根鉢はくずさない。

⑥ 水鉢をつくり、たっぷり水を与える

植え穴の外周にぐるりと土手をつくり（水鉢）、2回に分けて、水を注ぐ。

④ 掘り上げた土に肥料と堆肥を混ぜ、根鉢の周囲に戻す

掘り上げた土に一握りの化成肥料と堆肥の残りを混ぜ、根鉢の周囲に土を戻す。

⑦ わらでマルチングする

水鉢を平らにならし、苗木の根元にわらで5cmぐらいの厚さにマルチングする。

⑤ 支柱を立てる

苗木が風で揺すられないように、支柱を斜めにさし、つぎ口の下（台木）と支柱をしっかり結び留める。

＊マルチングは、土壌の乾燥防止や水やり時の泥のはね上がりを防ぐほか、雑草の防止、地温の上昇を防ぐ。
＊つぎ木テープは秋まで取り除かない。

作業後の管理

気温が上がり、土壌がよく乾く時期なので、植えつけ後1か月ぐらいはよく観察し、乾いたらたっぷり水を与える。

May 5月

基本 基本の作業
トライ 中級・上級者向けの作業

今月の主な作業

- 基本 新苗を植えつける
- 基本 早めに花がら切り
- 基本 ベーサル・シュートのピンチ
- トライ ブラインド枝の処理
- トライ さし木に挑戦

5月のバラ

　花を存分に楽しむ月。ほとんどの品種が下旬までには開花します。開花後は早めの花がら切り、病害虫の防除に努めましょう。一番花が終わるころになると株元からベーサル・シュートが出てくる品種も少なくありません。油断をしているとベーサル・シュートに蕾がついてしまいます。花をつけた新苗も出回りますので、花を見て好みの品種を選ぶことができます。

5月、満開を迎えた中輪品種 'ジュビレ・デュ・プリンス・ドゥ・モナコ'。

主な作業

基本 新苗の植えつけ（50ページ参照）
数多くの花つき苗が並ぶ
　好みの品種を入手するチャンスです。

基本 花がら切り（49ページ参照）
二番花のために早めに切る
　早めに行うことが次の花をスムーズに咲かせるコツ。

基本 ベーサル・シュートのピンチ
（56ページ参照）
蕾が見える前に枝先をピンチ
　一番花が終わるころにベーサル・シュートが伸び出します。蕾が見える前に枝先をピンチし、順調な生育を促します。

トライ ブラインド枝の処理（58ページ参照）
蕾をつけない枝がある
　ブラインド枝は蕾をつけない枝のこと。見つけたら58ページの要領で処理しましょう。

トライ さし木（緑枝ざし）（58ページ参照）
花が咲いた枝でさし木ができる
　さし木は誰でもできる手軽なバラのふやし方です。開花した枝でさし木ができます。

今月の管理

- ☀ 日当たりのよい場所に
- 💧 鉢植え、庭植えとも乾いたら
- ✿ 鉢植えは置き肥、庭植えは不要
- 🐛 病害虫を防除

管理

🔼 庭植えの場合

💧 水やり：乾いたら株元に

晴天が続き、土壌が乾燥していたら、株元にたっぷり水を与えます。

✿ 肥料：不要

● その他：摘蕾（てきらい）

大輪品種を育てている人は、品種本来の花を楽しむには開花前の蕾の段階で中央の大きな蕾を残し、副（側）蕾を摘むとよいでしょう。蕾のつきすぎた中・小輪品種は、株の消耗を抑えるために蕾を少し摘み取ります。

🪴 鉢植えの場合

☀ 置き場：日当たりと風通しのよい場所

雨の日は軒下などに移動させ、雨を避けると病気の発生が少なくなります。

💧 水やり：乾き始めたらたっぷり

毎日、鉢土の乾きを観察し、乾き始めたら鉢底から流れ出るまで、たっぷりと与えます。晴天で気温が高く、よく乾く日は1日2回与えなければならない場合もあります。水不足はブラインド枝発生の原因になります。

✿ 肥料：置き肥

発酵油かすの玉肥など有機質の固形肥料を月1回、鉢の縁に置きます。親指の頭程度の大きさの肥料なら6号鉢で2個、8～10号鉢で3個を目安とします。品種により、肥料が少ないと枝が太いのに花首が細くなる種類があります。よく観察し、花首が細いようなら、液体肥料を併用しましょう。

● その他：摘蕾　庭植えと同じ要領。

🐛 病害虫の防除：害虫はクロケシツブチョッキリ、コガネムシ類、チュウレンジハバチなど。病気は黒星病、灰色かび病、うどんこ病など

今月もいろいろな病気や害虫の発生が見られます。よく観察し、発生初期に防除します（44ページ参照）。なお、鉢植えは乾きやすいために、ハダニの発生が多くなります。見つけしだい、葉裏に散水し、ダニを洗い流します。

黒星病／灰色かび病／クロケシツブチョッキリ／コガネムシ類

基本 ベーサル・シュートのピンチ

適期＝5月下旬～7月下旬
　　　8月下旬～9月下旬

ベーサル・シュートは、株元から伸びる太い新梢で、将来の樹形を形づくる大切な枝。蕾が見える前に枝先をピンチし、順調な生育を促す。

＊ベーサル・シュートは、伸び始めたときに水不足になると、短いまま花が咲いてしまいます。

ベーサル・シュート

株元から伸びている
ベーサル・シュート。

① 枝先を指先で摘み取る

伸びたシュートは中・小輪品種で約20㎝、大輪品種で約30㎝の位置で枝先を摘み取る（ソフト・ピンチ）。

ピンチ後に伸びたシュート。大輪品種は、ベーサル・シュートの直径が1cm以上であれば、シュートを2本伸ばす。蕾がついたらアズキ大のときに2回目のピンチを行う。さらにもう一度蕾を摘み、秋に開花させる。

② 摘み取った枝先

遅れると蕾がつく。その場合は57ページ図Ⓐ参照。

ベーサル・シュートに開花させるとシュートの寿命が短くなる

翌年の剪定位置が深くなり、その結果、このシュートは長もちしなくなる。早めにピンチしたシュートと異なり、木質部が極端に少ないため、枝の寿命が短くなる。

Ⓐ 蕾がついたベーサル・シュートは

蕾を摘み取る

やがて伸びたわき芽の先端を摘み取る

小さな蕾がついたベーサル・シュートをソフト・ピンチ。

Ⓑ ベーサル・シュートに花が咲いてしまった場合は

ベーサル・シュートのピンチが遅れると先端にほうき状に花が咲きます。この場合は、図の要領で花を切り、新たなシュートを伸ばし、秋にそのシュートに開花させます。

花が咲いたベーサル・シュートを剪定した。

切る

ソフト・ピンチ。次の花は咲かせてもよい

トライ ブラインド枝の処理

適期＝5月下旬～6月下旬

蕾がつかないブラインド枝は、品種の特性や日照不足、気温の低下などのほか、水やりや施肥などの管理に問題があり、順調に生育していないため、バラに体力がないなど、いくつかの原因が考えられます。

切らずに放置しておき、新芽が2本伸びたときに片方をかき取る

ブラインド枝。先端の2枚の葉のつけ根から芽が出る。

2本の芽が出てくるので、貧弱なほうをかき取る。残したほうに花が咲く。

トライ さし木（緑枝ざし）

適期＝5月中旬～6月上旬
　　　9月上旬～10月中旬

用意するもの

さし穂＝花が咲いて終わりかけたぐらいの枝。直径5mmぐらいの太さのものが発根しやすい。マッチ棒ぐらいのものでもさし木できる。

さし木用土

パーライト **1.5**
ピートモス **1.5**
赤玉土小粒 **3**
鹿沼土小粒 **4**

用土の粒が粗すぎると水はけはよいが、酸素が多く含まれるので、さし穂の切り口にこぶ状のカルス（切り口の細胞が分裂して肥大化したもの、癒傷組織）が発達し、発根しにくくなる。

ゼオライト
（あれば、少々用土に混ぜる）

＊ほかに剪定バサミ、7号鉢（清潔な合成樹脂製鉢など）、割りばし。

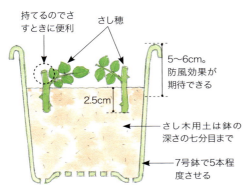

持てるのでさ すときに便利 / さし穂 / 5〜6cm。防風効果が期待できる / 2.5cm / さし木用土は鉢の深さの七分目まで / 7号鉢で5本程度させる

湿らせた用土に穴をあけてさす
鉢に用土を入れ、水を含ませてから割りばしなどで穴をあけて、さし穂をさす。

節の中間で1節ずつ切り分ける
さし穂は、節と節の中間で切る。こうすると上部を持つことができ、さすときに便利。長さはおよそ5cm。

たっぷり水を与える
ハス口の目が細かいジョウロで水をたっぷり与える。

さし穂を調整する
さしたときに抜けにくくなるようにとげは取らない。大きな葉は蒸散を抑えるために、小葉を1枚切り取る。このあと、30分水あげする。

| 作業後の管理 |

午前中日の当たる場所に置く。用土が過湿では発根しないので水を与えすぎない。日中は葉がしなっとなっても、朝、ピンとすれば問題がない。その繰り返しを1週間続け、葉が黄変しなければ活着する。黄変したら失敗なので、さし直す。5月にさした場合、20〜30日で発根する。

June
6月

基本 基本の作業
トライ 中級・上級者向けの作業

今月の主な作業

- 基本 新苗の植えつけ
- 基本 早めに花がら切り
- 基本 ベーサル・シュートのピンチ
- トライ ブラインド枝の処理
- トライ さし木をしよう

6月のバラ

　開花もピークを過ぎ、早咲きの種類は二番花が咲きます。下旬になると梅雨に入ります。この時期の大切な作業はなんといっても病害虫の防除です。ひとたび病気が発生し、まん延すると病原菌を完全に死滅させるのは困難です。ベーサル・シュートが盛んに発生する時期です。ベーサル・シュートには支柱を立ててはいけません。枝が伸び続けるだけです。

咲き誇る'フレグラント・アプリコット'。香りのよい中輪品種。

主な作業

基本 新苗の植えつけ（50ページ参照）
なるべく早く植えつけよう
　好みの品種を早めに入手し、すぐに植えつけます。

基本 花がら切り（49ページ参照）
二番花の花がら切りができる
　一番花と同様に花がらを切ります。

基本 ベーサル・シュートのピンチ
（56ページ参照）
早めに枝先をピンチ
　ベーサル・シュートが伸びています。よく観察し、蕾が見える前に枝先をピンチし、順調な生育を促します。花を咲かせると枝の寿命が短くなります。

トライ ブラインド枝の処理（58ページ参照）
蕾をつけない枝は新芽を1本伸ばす
　ブラインド枝は蕾をつけない枝。見つけたら58ページの要領で伸びた新芽を1本にします。

トライ さし木（緑枝ざし）（58ページ参照）
花が咲いた枝でさし木ができる
　開花した枝でさし木ができます。好みの品種をさし木しましょう。20～30日で発根します。

今月の管理

- ☀ 日当たりのよい場所に
- 💧 梅雨に入っても乾きに注意
- 🌱 鉢植えは置き肥、庭植えは不要
- 🐛 雨がやんだら薬剤散布

管理

🌿 庭植えの場合

💧 水やり：乾いたら株元に

土壌が乾燥していたり、ベーサル・シュートが伸び出したりしていたら、株元にたっぷり水を与えます。

🌱 肥料：不要

🪴 鉢植えの場合

☀ 置き場：日なた。梅雨入り後は雨を避ける

梅雨入り前は、日当たりと風通しのよい場所に置きます。梅雨に入ったら、風通しのよい雨の当たらない日なたに置きましょう。

💧 水やり：乾き始めたらたっぷり

毎日、鉢土の乾きを観察し、乾き始めたらたっぷりと与えます。晴天で気温が高く、よく乾く日は6〜7号鉢はもちろん、8号鉢でも1日2回与えなければならない場合もあります。梅雨に入り、雨が降っても鉢土が十分ぬれるとは限りません。水不足になると葉がしんなりし、つやがなく、柔らかくなります。

🌱 肥料：置き肥

有機質の固形肥料を月1回、鉢の縁に置きます。親指の頭程度の大きさの肥料なら6号鉢で2個、8〜10号鉢で3個が目安。

🐛 病害虫の防除：害虫はアブラムシ、ハマキガの幼虫、チュウレンジハバチ、ゴマダラカミキリの成虫など。病気は黒星病、灰色かび病、うどんこ病など

病害虫の発生が多い時期です。病害虫はある日突然発生するわけではありません。毎日株をていねいに観察することが大切です。天気予報などを参考に、どんな気象条件や環境で病気や害虫が発生しやすいかわかるようになると、予測も可能です。日々の観察、見るだけでなく香りや葉を指先で触ることなども大切で、それは単に病害虫の予測や発見だけでなく、バラの魅力の発見にもつながります。主な病害虫とその防除法は78ページを参照。なお、梅雨どきの薬剤散布は雨のやんだときを見計らい、すぐに散布するように心がけます。

July
7月

今月の主な作業

- 基本 新苗の鉢替え
- 基本 花がら切り（二番花）
- 基本 ベーサル・シュートのピンチ
- 基本 暑さ対策～夏を涼しく

基本 基本の作業
トライ 中級・上級者向けの作業

7月のバラ

梅雨明け近くになると耐暑性のない品種はもちろん、多くの品種が暑さで生育緩慢になります。花が小さくなったり、花色が薄くなったりするので、体力温存のため、摘蕾するのもよいでしょう。鉢植えはもちろん、庭植えの株も暑さを緩和するための工夫をしましょう。上・中旬は梅雨のさなかで病害虫の防除が手入れの中心です。

二番花の蕾が上がった株。

主な作業

基本 新苗の鉢替え（64ページ参照）
4月に植えた株は植え替え
4月に鉢植えにした株は二回り大きな鉢に植え替えます。

基本 花がら切り（49ページ参照）
暑さに弱い種類は摘蕾を
二番花の花がらを早めに切りましょう。暑さに弱い品種は花を咲かせず、蕾を摘み取ります。

基本 ベーサル・シュートのピンチ
（56ページ参照）
蕾が見える前に先端をソフト・ピンチ
蕾がつかないうちに枝先をピンチします。

基本 暑さ対策（65ページ参照）
鉢は半日陰に、庭の株は遮光を
暑さで品種によっては成長が止まる、葉を落とす、葉が黄変したり、変形したりします。そこで、暑さを和らげるために、鉢植えは涼しい半日陰に置く、庭植えは西日を当てないように遮光ネットを張ったり、西側に低木などを植えたりします。夕方の涼しい時間帯にたっぷり水やりを行うと株の周囲の温度を下げる効果があります。

今月の管理

- 梅雨どきは雨よけ、夏は西日を避ける
- 乾いたらたっぷり
- 鉢植えは置き肥、庭植えは不要
- ハダニに注意

管理

庭植えの場合

水やり：乾いたら株元に
6月に準じます。

肥料：不要

その他：マルチング
梅雨明けと同時に株のまわりを除草し、長さ5cm程度に刻んだわらを株元に敷き、マルチングしましょう。地温の上昇、乾燥、雑草防止になります。

鉢植えの場合

置き場：梅雨どきは雨を避け、夏は半日陰
梅雨の間は風通しがよく、雨の当たらない日なたに置き、西日を避けます。梅雨明け後は暑さに弱い品種は風通しのよい半日陰に移動させましょう。

水やり：乾いたらたっぷり
毎日、乾き始めたらたっぷりと与えます。高温多湿に弱い品種は、用土に堆肥などの有機物が入っていると水はけが悪くなるため、根腐れを起こしやすくなります。

肥料：置き肥
6月に準じます。

病害虫の防除：黒星病、灰色かび病、ハダニ、スリップスなど

ハダニの発生が多い時期。スリップス（アザミウマ）にも注意します。上・中旬の梅雨どきは黒星病がどんどん広がります。うどんこ病は気温の上昇とともに発生しなくなります。薬剤は高温時に散布すると薬害が出るので朝夕の涼しい時間帯に散布します（主な病害虫とその防除法は78ページ参照）。梅雨が明けたら、病株の手入れ（86ページ参照）を行い、早く病気を食い止めて、伸びてくる新芽に病気が出ないようにします。この新芽に病気が出ると秋花を楽しむことができません。

ハダニ　スリップス

基本 新苗の鉢替え

適期＝7月中・下旬

4月に植えつけた新苗が順調に大きくなり、シュートが出始めたら、鉢のサイズを大きくする鉢替えを行う。

用意するもの

苗木、8号鉢（黒色樹脂製）、
用土（赤玉土中粒5、鹿沼土中粒3、パーライト1、ピートモス1）、
ゴロ土（赤玉土大粒、赤玉土中粒各適量）。

＊ピートモスは酸度無調整のもの。

春に植えた新苗と植え替え用の8号鉢。

用土は粒の大きなものを使う

苗がかなり大きくなったので、水はけをよくし、苗を丈夫に育てるため、用土の粒を大きくします。

- 赤玉土中粒 5
- 鹿沼土中粒 3
- パーライト 1
- ピートモス 1

1 根鉢をくずさない

鉢底にゴロ土（赤玉土大粒、中粒）を入れ、用土を入れてから根鉢をくずさずに鉢に入れる。

2 植えつけ、たっぷり水を与える

用土を加え、たっぷり水を与えておく。

8号鉢に植えつけた。用土の配合が変わり、用土の量もふえて、生育が旺盛になる。

作業後の管理

梅雨明け前後の高温多湿時は根からの吸水が悪くなるので、水やりの量を控えめにして、蒸散を防ぐために水やり時に葉水をかけるとよい。また、風通しのよい半日陰に置くとよい。

基本 暑さ対策（遮光）

適期＝7〜8月

西日の当たる場所の株や
暑さに弱い品種には
遮光をしよう。
市販の遮光ネットや支柱を使い、
簡単に遮光できる。

用意するもの
遮光ネット（遮光率60%）、
支柱（直径11mm、長さ150cm）8本、
クロスバンド（直径8〜11mm）、
パッカー（13×60mm）。

暑さに弱い品種

'イングリッド・バーグマン'
'ソレロ'
'ディスタント・ドラムス'
'ドゥフトボルケ'
'プリンセス・ドゥ・モナコ'
'ブルー・ヘブン' など。

'ブルー・ヘブン'

'ディスタント・ドラムス'

1 支柱を井桁に組む
株を囲むように4本の支柱を立て、
上部に支柱を渡し、
クロスバンドで井桁に組む。

クロスバンドで
支柱どうしを固定。

2 遮光ネットをかける
上から遮光ネットをかぶせ、
パッカーで支柱にネットを
固定する。

支柱の上のネットを
パッカーで固定。

August
8月

今月の主な作業

- 基本 暑さ対策と台風対策を
- 基本 夏剪定（秋花のための剪定）
- 基本 花がら切り
- 基本 ベーサル・シュートのピンチ

基本 基本の作業
トライ 中級・上級者向けの作業

8月のバラ

　生育が緩慢になる、花が小さくなる、花色が悪くなるなど、暑さでバラもバテ気味です。先月に引き続き、遮光などの暑さ対策を忘れずに行いましょう。今月下旬からは秋に良花を咲かせるための夏剪定を行います。また、台風シーズンに入ります。天気予報に注意し、台風の来襲が予想される場合は、早めに対策を講じます。

主な作業

基本 暑さ対策（65ページ参照）

遮光や鉢の移動で

　西日の当たる株や暑さに弱い品種は65ページの要領で暑さ対策を講じましょう。

基本 台風対策

鉢の移動や、ひもで株をまとめる

　台風の来襲が予想されるときは、鉢植え、庭植えとも被害を避けたり、最小限に抑えたりするために対策を講じま

秋の開花に向け、夏剪定を済ませた株。

らせん状にひもをかける

株元にひもを結び、らせん状に株を巻き留める。ひもは幅1cmぐらいの平たいものがよい。

今月の管理

- ☀ 暑さに弱い品種は西日を避ける
- 💧 乾いたらたっぷり
- 🌱 鉢植えは置き肥、庭植えは不要
- 🐛 病害虫に注意

す。鉢植えは雨や強風の当たらない場所に鉢を移動させます。庭植えはひもで株をまとめます。

基本 夏剪定（68ページ参照）
秋に良花を咲かせる必須作業
8月下旬～9月上旬の間に二番花の枝を切ります。

基本 花がら切り
花首だけを摘み取る
秋花のための夏剪定を控えたこの時期は、花首だけを摘み取っておきましょう。

基本 ベーサル・シュートのピンチ
（56ページ参照）
下旬からシュートの発生が多い
水やりを続けると、早ければ旧盆を過ぎたころからベーサル・シュートが伸びる品種が少なくありません。蕾が確認できる前、および大きくなる前に先端をソフト・ピンチします。

管理

🌿 庭植えの場合

💧 **水やり：乾いたら株元にたっぷり**
7月に準じます。

🌱 **肥料：不要**

⚪ **その他：マルチング**
7月に準じます。

🪴 鉢植えの場合

☀ **置き場：夏は風通しのよい半日陰**
暑さに弱い品種は風通しのよい半日陰に移動させましょう。

💧 **水やり：乾いたらたっぷり**
7月に準じます。

🌱 **肥料：置き肥**
7月に準じます。

🐛 **病害虫の防除：黒星病、ホソオビアシブトクチバ、ハダニなど**
引き続き、病害虫の防除に努めます。黒星病や灰色かび病、さび病、ハダニ、スリップス、チュウレンジハバチやホソオビアシブトクチバなどが見られます。詳しくは78ページ参照。

さび病

ホソオビアシブトクチバ

基本 夏剪定

適期＝8月下旬～9月10日ごろ

作業の前に知っておきたい基本の知識

剪定時期
- 遅咲きの品種や開花までに日数がかかる品種 →8月下旬
- 一般の品種 →8月下旬～9月10日ごろ

メリット

秋によい花が咲く

　夏剪定は秋によい花を咲かせるための必須の作業です。剪定しないと、小さな夏花がだらだらと咲き続け、秋になってもよい花が咲きません。なお、夏剪定前の8月は株の生育を止めないように水やりを続けて準備しておきます。

> **剪定の基本**
> ❶ 二番花または三番花の枝を切る
> 　二番花で切る：三番花が咲いている枝、または伸びている状態の枝。
> 　三番花で切る：二番花が早く咲いて枝が堅い場合や、葉が少ない場合。
> ❷ 柔らかい枝を切る
> ❸ すべての枝を切る（成長を止めた枝は放置）
> ※ 葉を落とした株は86ページ参照。

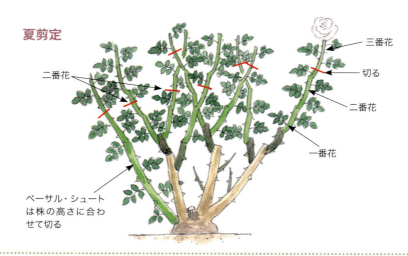

夏剪定

二番花／ベーサル・シュートは株の高さに合わせて切る／三番花／切る／二番花／一番花

8月下旬に剪定する品種　'アライブ' 'グレーフィン・ディアナ' 'ゲーテ・ローズ' 'ゴスペル' 'ノスタルジー' 'ビバリー' 'ピンク・パンサー' 'マイガーデン' 'ルイの涙' など。

夏剪定前の株（品種は'マチルダ'）。　　夏剪定後。

> こんな場合は、こうする！

←ふくらんだ芽

ふくらんだ芽は早く咲いてしまうので、その下の節で切る。

伸び始めたばかりの新芽は芽先を摘む。残すと小さな夏花が咲く。なお、すぐに蕾がついたら、これも摘み取る。

花茎が伸びずに咲いている花はつけ根で切る。

成長を止めた枝は放置する。

September
9月

今月の主な作業

- 基本 花がら切り
- 基本 夏剪定（秋花のための剪定）
- 基本 台風対策
- 基本 ベーサル・シュートのピンチ
- トライ さし木（緑枝ざし）

基本 基本の作業
トライ 中級・上級者向けの作業

9月のバラ

　暑さが一段落し、生育が旺盛になります。夏の間、病気を出さず、水やりを続けた株は新芽が勢いよく伸び、再びベーサル・シュートが出ています。摘蕾を続けた新苗は、上旬以降は蕾を摘まず秋花を咲かせます。夏花が咲き残っている株は夏剪定を急ぎます。夏剪定は秋に良花を咲かせるための大切な作業です。9月上旬までに済ませましょう。

秋花が咲く前のバラの庭。ひっそりとしている。

主な作業

基本 **花がら切り**
花首だけを摘み取る

基本 **夏剪定**（68ページ参照）
秋に良花を咲かせる必須作業

基本 **台風対策**（66ページ参照）
鉢の移動や、ひもで株をまとめる

基本 **ベーサル・シュートのピンチ**
（56ページ参照）
枝先をソフト・ピンチ
　ベーサル・シュートを見つけたら枝先をピンチします。

トライ **さし木（緑枝ざし）**（58ページ参照）
さし木の適期
　さし木に挑戦しましょう。

鉢植えのバラを庭に植える好機

　花つきの鉢植えバラを購入し、花を楽しんだあとは庭に植えたい、そんな場合は9月に植えると秋の冷涼な気候で、よく活着し、元気に育ちます。枝や葉をふやすだけでなく、根も活発

今月の管理

- ☀ 日当たり、風通しのよい場所
- 💧 乾いたらたっぷり
- 🌱 鉢植えは置き肥、庭植えは生育を見て
- 🐛 病害虫に注意

管理

🌿 庭植えの場合

💧 水やり：乾いたら株元にたっぷり

ベーサル・シュートが出ていたら忘れずに水を与えます。

🌱 肥料：生育緩慢な株には施肥

葉色や生育具合を見て、緩慢なようであれば、寒肥（36ページ）の半量ぐらいの肥料を施します。気温が高い時期なので堆肥の代わりに完熟のぼかし肥、ピートモスを用います。

🪴 鉢植えの場合

☀ 置き場：日当たり、風通しのよい場所

風通しのよい日なたに置きます。

💧 水やり：乾いたらたっぷり

鉢土の表面が乾いたら、鉢底から流れ出るまでたっぷり与えます。

🌱 肥料：置き肥

8月に準じます。

🐛 病害虫の防除：黒星病、灰色かび病、さび病や害虫にも注意

引き続き、病害虫の防除に努めます。黒星病や灰色かび病、さび病、ハダニ、スリップス、チュウレンジハバチやホソオビアシブトクチバのほか、新芽、蕾が見えると萼片にオオタバコガが産卵します。見つけしだい、指で落とします。遅れると蕾の中に幼虫が食い入り、花が見られません。

チュウレンジハバチの幼虫。　オオタバコガの幼虫。

Column

に伸びて、庭の土壌になじみ、翌年は旺盛に生育します。植えつけ方は52ページ参照。植えつけるときは根鉢をくずしません。くずすと根に傷がつき、根頭がんしゅ病になることもあります。

なお、庭に植えた株にはベーサル・シュートのみに咲かせます。大輪品種で2輪程度、あとは摘蕾します。

October 10月

今月の主な作業
- 基本 花がら切り
- 基本 台風対策
- トライ さし木（緑枝ざし）

基本 基本の作業
トライ 中級・上級者向けの作業

10月のバラ

　秋バラの季節です。開花状態を見ると、秋までの管理や手入れのよしあしがよくわかります。夏に病気や害虫の被害にあい、体力がない株は花数が少なく、花も小さくなります。手入れが行き届いた株は春に負けない花が咲きます。秋に咲いた枝は翌年の春に開花する充実した枝になります。秋花を咲かせることがバラを元気な株に育てる秘けつです。

オレンジ色が美しい中輪房咲きの'杏奈'。赤トンボが遊びにやってきた。

主な作業

基本 花がら切り
花首だけを摘み取る

　花が終わったら、花のみをハサミで切り取ります。株に力があり、気温が高ければ、わき芽が伸びて11月にもう一度開花します。咲き進むと花色が緑に変化して長く楽しめる品種がありますが、こうした花もちのよい品種をいつまでも咲かせ続けるのは株の体力が消耗するので、なるべく早く切りましょう。

基本 台風対策（66ページ参照）
鉢の移動や、ひもで株をまとめる

　鉢植えは雨や強風の当たらない場所に鉢を移動させ、庭植えは66ページの要領で株をひもでまとめます。

トライ さし木（緑枝ざし）（58ページ参照）
さし木の適期

　10月上・中旬は緑枝ざしができます。また、つぎ木ができる方は、10月下旬〜11月にスタンダード仕立て用の台木をつくるための休眠枝ざし（35ページ参照）ができます。長いノイバラの枝をそのままさします。

今月の管理

- 日当たり、風通しのよい場所
- 鉢植えのみ乾いたらたっぷり
- 鉢植えは置き肥、庭植えは不要
- 病害虫に注意

管理

庭植えの場合

水やり：不要

肥料：不要

鉢植えの場合

置き場：日当たり、風通しのよい場所

風通しのよい日なたに置きます。

水やり：乾いたらたっぷり

鉢土の表面が乾いたら、鉢底から流れ出るまでたっぷり与えます。

肥料：置き肥

9月に準じます。

病害虫の防除：黒星病、灰色かび病、さび病など

引き続き、病害虫の防除を心がけます。今月は、黒星病、うどんこ病、灰色かび病、べと病、雨が多いときはさび病も発生します。病害虫について、詳しくは78ページ参照。

Column

10月の大苗はよい？ 悪い？

大苗が店頭に並び始めます。休眠前に掘り上げたため、充実した苗ではありませんが、生育に適した気温の時期なので、冬に植えるよりも活着しやすいという利点もあります。植えつけ後、芽や根が動きだし、吸水や蒸散が行われ、冬の寒さによるダメージが少なくなります。植えつけ後、冬期は不織布で覆うとよいでしょう。植えつけの方法は50ページ参照。

10月の苗選びのポイント

芽が伸びようとしている、あるいは芽が伸び始めているものを選びます。秋に大苗を植えつけると多くの場合、芽が出て、10cm程度に伸びます。この枝は1月上旬に1〜1.5cm残して切り取り、葉がついていれば、摘み取ります。

秋の大苗。生き生きとした新芽が伸びている。

November
11月

今月の主な作業

- 基本 花がら切り（中旬まで）
- 基本 大苗の植えつけ

基本 基本の作業
トライ 中級・上級者向けの作業

11月のバラ

　初冬のたたずまいが感じられる季節です。この時期、関東地方以西ではまだ、ぽつぽつと咲いています。初霜が降りてもまだ咲いていますが、雌しべが凍ると花が腐るので、咲き残っている花は切り花にして室内で楽しみましょう。株の消耗も防げます。

　この時期は病害虫も少なく、管理作業も少なくなります。

　大苗の植えつけができます。

主な作業

基本 花がら切り
花首だけを摘み取る

　花が終わったら、花のみをハサミで切り取ります。花色が緑に変化して長く咲き続ける花もちのよい品種は、いつまでも咲かせ続けると株の体力が消耗するので、なるべく早く切りましょう。

基本 大苗の植えつけ
防寒を忘れない

　今月、植えつける場合、根が春まで動かないので、防寒をしないと枝が枯れ込んだり、枯死したりすることがあります。枝が凍るとやがて枝に赤紫や褐色のしみが現れます。必ず防寒をしましょう。ただし、暖冬の年は年内に根や芽が伸び出すことがあります。植えつけの方法は38、40ページ参照。

晩秋で花色が深みを増した房咲きの'ニコロ・パガニーニ'。

植えつけ後は、不織布の園芸用袋などで防寒する。

今月の管理

- ❄ 日だまりの壁際など
- 💧 乾いてから午前中に
- 🌱 鉢植え、庭植えとも不要
- 🦠 うどんこ病、べと病に注意

Column

よい大苗の選び方

大苗が多く流通する時期です。以下の点に注意し、よい苗を選びましょう。

❶ 堅く太い枝（直径1～1.5cm）が1本あればよい。

❷ 芽が数cm伸びているか伸び始めている苗がよい（9～11月、2～3月の苗）。多くはロングポットに仮植えされているので、新根が伸びているものは芽が動き始めている。こうした苗であれば吸水や蒸散のコントロールができるので、枝が凍りにくく、寒さで枯死することが少ない。

❸ 輸入苗は枯れ込みがなく、少し芽がふくらんでいるものがよい。

❹ 裸苗は、太く長い根があり、細根が多いものを選ぶ。

❺ 樹皮に赤紫のしみがないもの、切り口の木質部にしみがないもの（1～3月に出回る苗）。

❻ つぎ口がはがれかけたり、枯れ込んだりしていない自然なもの。

❼ ラベルに品種名と種苗会社名が記載されているもの。

管理

🔼 庭植えの場合

💧 **水やり：不要**

🌱 **肥料：不要**

⭕ **その他：株元を清潔に**
病原菌や害虫の卵などが潜んでいる可能性もあるので、残っている花がらを切り、落ちた花弁や葉を拾います。

🪴 鉢植えの場合

❄ **置き場：寒さに当たらない場所**
午前中日が当たる壁際など、寒さに当たりにくい場所。

💧 **水やり：乾いたら暖かい日の午前中に**
鉢土はほとんど乾かなくなります。乾いたら暖かい日の午前中にたっぷり与えます。

🌱 **肥料：不要**

🦠 **病害虫の防除：うどんこ病、べと病に注意**
うどんこ病やべと病、灰色かび病などに注意します。コバエが株のまわりを飛んでいたら、アブラムシなどの害虫がいる証拠なので注意します。今年最後の薬剤散布をしておきましょう。病害虫について、詳しくは78ページ参照。

December 12月

今月の主な作業
- 基本 寒肥
- 基本 大苗の植えつけ

基本 基本の作業
トライ 中級・上級者向けの作業

12月のバラ

　落葉が進み、朝日が当たる側の幹や枝が赤みを帯びてきます。充実していない枝は緑色のままです。カイガラムシが大量に発生した株は葉が落ちません。休眠期に入り、寒さが続くようになると、幹や枝に赤紫色の斑点が現れる品種が見られます。これは性質によるもの、耐寒性が劣るもの、黒星病などで初秋に葉を落とした場合などが考えられます。

主な作業

基本 **寒肥**（36ページ参照）
庭植えの株に有機質肥料を
　12月中旬から寒肥を施すことができます。

基本 **大苗の植えつけ**
防寒を忘れない
　大苗の植えつけに最も適した時期は2月中旬〜3月上旬ですが、やむをえず今月植えつける場合は、作業後に必ず防寒します。根が春まで動かないので、防寒をしないと枝が枯れ込んだり、枯死したりすることがあります。植えつけの方法は38、40ページ参照。

花がら切りが遅れた初冬の株。落葉して冬の風情が漂う。

冬に植えつけた大苗は防寒が大切。鉢植えは軒下などに置き、不織布などをかぶせる。

今月の管理

- ☀ 日だまりの壁際など
- 💧 乾いてから午前中に
- 🌱 鉢植え、庭植えとも不要
- 🐛 べと病、うどんこ病に注意

管理

🔺 庭植えの場合

- 💧 **水やり：不要**
- 🌱 **肥料：不要**

🪴 鉢植えの場合

- ☀ **置き場：寒さに当たらない場所**
　午前中日が当たる壁際など、寒さに当たりにくい場所。

- 💧 **水やり：乾いたら暖かい日の午前中に**
　11月に準じます。鉢が凍っている場合は、鉢土に水分があるので、乾くまで待ちましょう。

- 🌱 **肥料：不要**

- 🐛 **病害虫の防除：カイガラムシを防除**
　病害虫はごく少なくなります。カイガラムシは古歯ブラシでこすり落とします。大量に発生している場合は薬剤を散布します。先月に続き、コバエが見られることがあります。コバエが株のまわりを飛んでいたら、アブラムシなどの害虫がいる証拠なので注意します。病害虫について、詳しくは78ページ参照。

Column

冬の植えつけ　注意点

（12月～2月上旬の休眠期に苗を購入して植えつける場合）

❶ 根の状態をチェック
　根を軽く洗い（しっかり洗うと傷をつけるので注意）、根に傷がないか、泥などがこびりついていないかなど、状態をチェックします。折れた部分などがあれば切除します。なお、植えつけ前日に水につけておく吸水は厳禁です。植えつけ翌日、厳しい寒さにあうと枝が凍ります。枝が凍ると樹皮にしみが出るほか、気温の上昇と寒風で一気に乾燥します。

❷ 12月は葉をつけておく
　12月に植えるときは葉をそのままつけておき、1月の剪定時に下に引くようにしてかき取ります。

❸ 防寒する
　鉢植えは直接霜に当たらない軒下などに置きます。夜間は不織布などで鉢を覆うのもよいでしょう。

バラの主な病害虫と防除法

バラの栽培で、気をつけなければならないのは病害虫です。栽培環境を整えたり、耐病性品種を選んだりしても、病害虫がまったく発生しないわけではありません。そこで、主な病害虫とその防除法を紹介します（病害虫を減らすヒントは44ページ参照）。

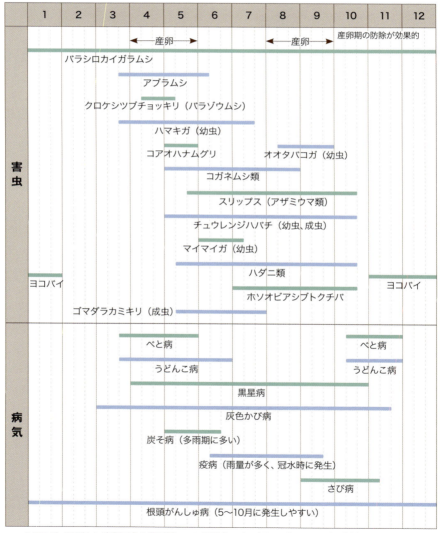

バラの病害虫カレンダー（関東地方以西基準）

＊ヨコバイは暖かい南側で冬も葉が残っている場合。チュウレンジハバチは卵が越冬するタイプもある。
＊うどんこ病やべと病は冷夏になると春から晩秋まで発生する。

バラに発生する主な病害虫

＊薬剤の例は2017年1月現在

害虫名	発生時期	被害状況と対策
アブラムシ類	3月下旬〜6月上旬	[被害状況] 新芽や若い葉、蕾などに密集して吸汁する。ウイルス病を媒介し、排せつ物ですす病を発生させることもある。 [対策] 薬剤で防除する。オルトラン液剤、ガーデンガードAL、スミソン乳剤、ベストガード粒剤、ベニカXファインスプレー、マイテミンスプレー、モスピラン液剤など。
クロケシツブチョッキリ（バラゾウムシ）	4月中旬〜5月上旬	[被害状況] ごく小さな黒い甲虫で、食害されると新芽の先端や小さな蕾が黒く焦げたようになって枯れる。 [対策] 被害部には幼虫がいるので枝ごと切り取る。薬剤はベニカR乳剤、ベニカXファインスプレーなど。
コガネムシ類	5月上旬〜8月	[被害状況] 成虫は光沢のある甲虫で花や蕾を食い荒らす。幼虫は土中で根を食害する。鉢植えの株などは幼虫の被害で枯死する。コアオハナムグリの発生時期は5月で主に花を食害する。白、黄色、桃色など淡色の花に集まる。 [対策] 捕殺する。薬剤は成虫にベニカXファインスプレー、幼虫にベニカ水溶剤など。
ゴマダラカミキリ	5月中旬〜7月（成虫）	[被害状況] 成虫は枝をかじり、かじられたところから枝が枯れる。根元に産卵し、幼虫が根を食い荒らし、ひどい場合は株が枯死する。 [対策] 根元におがくずのような虫ふんが出るので、穴に針金などを差し込んで刺殺するか、成虫は捕殺する。

害虫

害虫

害虫名	発生時期	被害状況と対策
スリップス（アザミウマ類）	5月下旬〜10月中旬	[被害状況] 花や蕾、葉に潜り込んで吸汁する。 [対策] 花弁に産卵するので切り取った花がらは処分する。体長1〜2mmとごく小さいので捕殺は難しい。薬剤で防除。薬剤はオルトラン水和剤、オルトラン粒剤など。
チュウレンジハバチ	5月上旬〜10月中旬	[被害状況] 成虫は翅が黒、腹部がオレンジ色の小さなハバチで、バラの枝に産卵し、緑色の幼虫が葉に群がり、葉を丸坊主にしてしまう。 [対策] 産卵中の成虫は捕殺する。幼虫は薬剤で防除する。薬剤は園芸用キンチョールE、オルトラン液剤、スターガードプラスAL、ベニカJスプレーなど。
ハダニ類	5月中旬〜10月中旬	[被害状況] 葉裏から吸汁する小さな虫でクモの仲間。葉の表面がかすれたように白くなり落葉する。ひどい場合はクモの巣が張ったようになる。 [対策] 葉裏に強い水流の水をかけて、ハダニを吹き飛ばす。ひどくなった場合は殺ダニ剤を散布する。成虫と卵で別々の薬剤もあるので注意。薬剤はダニダウン水和剤（卵、幼虫、成虫）、ダニ太郎（卵、幼虫、成虫）、バロックフロアブル（卵、幼虫）など。
ハマキガ（幼虫）	3月下旬〜7月中旬	[被害状況] 幼虫が葉を数枚つづり合わせて中に潜み、葉肉を食い荒らす。 [対策] 重なった葉を見つけたら開いて捕殺する。

害虫

害虫名	発生時期	被害状況と対策
バラシロカイガラムシ	周年 （4〜5月、 8〜9月に 卵がふ化）	**[被害状況]** 細かい粉状のカイガラムシで吸汁し、株を弱らせる。ひどい場合は枯死する。年中見られる。 **[対策]** 休眠期に古歯ブラシでこすり落とす。卵がふ化する時期に薬剤散布。薬剤はアクテリック乳剤、カイガラムシエアゾールなど。
ホソオビアシブトクチバ	7月上旬 〜 10月中旬	**[被害状況]** シャクトリムシの仲間。灰色から黒の幼虫が葉を食害する。 **[対策]** 見つけしだい、捕殺する。
マイマイガ（幼虫）	6月上旬 〜 7月上旬	**[被害状況]** 幼虫が葉を食害する。若齢幼虫が糸を吐いてぶら下がるのでブランコケムシの名がある。卵で越冬する。 **[対策]** 見つけしだい、捕殺する。薬剤はSTアクテリック乳剤など。
ヨコバイ	11月 〜 1月	**[被害状況]** ヨコバイ類はセミの仲間で、数多くの種類がいるが、バラには体長2mmぐらいの灰褐色の小さなヨコバイが見られる。バラが休眠期に入り、ほかの害虫の薬剤を散布しなくなった時期に現れる。主に晩秋から葉裏に潜み、葉を吸汁し、葉の表はかすれたようになる。 **[対策]** 冬は動かないので捕殺する。

病気

病名	発生時期	症状と対策
うどんこ病	3月下旬〜6月下旬 10月中旬〜11月下旬	[症状] 若い葉や蕾が白い粉（カビ）で覆われたようになり、やがて株全体に広がり生育が衰える。気温15〜25℃で発生。30℃でいったん消えるが病原菌は生きている。 [対策] 薬剤を散布するとともに日当たり、風通しをよくする。多肥は禁物。薬剤はSTサプロール乳剤、サルバトーレME、ハッパ乳剤、フルピカフロアブル、フローラガードAL、ベニカXファインスプレー、マイテミンスプレーなど。
疫病	6月中旬〜9月中旬	[症状] 過湿に起因することが多く、枝に水滲状の斑点が現れ、暗褐色に変化して株全体に広がる。未熟な枝が枯れ、堅い枝では葉が黄変して落葉する。 [対策] 病株は抜き取って焼却。土壌伝染性なので客土などで土を入れ替える。なお、水はけをよくすることが大切。
黒星病	4月上旬〜10月下旬	[症状] にじんだような黒い斑点が葉に現れ、やがて黄変し落葉する。雨の多い時期に多発し、瞬く間に広がり、生育を衰えさせる。 [対策] 前年に発病した株は3月から薬剤で防除する。落葉した葉は拾って捨て、中3日で3回ほど立て続けに薬剤を散布する。薬剤はSTサプロール乳剤、サルバトーレME、フルピカフロアブル、フローラガードAL、ベニカXファインスプレーなど。
根頭がんしゅ病	周年 （5〜10月に発生しやすい）	[症状] 主に根元にこぶ状の塊ができ、次第に大きくなる。土中の病原菌がつぎ木部分の傷口などから侵入する。若木はまれに枯死することもあるが、成株は特に生育が衰えることもない。 [対策] 鋭利なナイフでこぶをえぐり取る。植え替え時には根の周囲の土を処分する。鉢植えは清潔な用土を用いる。

病気

病名	発生時期	被害状況と対策
さび病	9月上旬 〜 11月上旬	[症状] 葉や枝に黄色の小さないぼが現れ、明るいオレンジ色の粉が出て、のちに黒くなり、葉は落葉する。多湿状態で発生しやすい。 [対策] 病斑が出た葉や枝を切り取り、薬剤を散布する。薬剤はジマンダイセン水和剤、エムダイファー水和剤など。
灰色かび病（ボトリチス）	3月上旬 〜 11月中旬	[症状] 花弁に赤い斑点が現れ、やがて蕾に灰色のカビが生える。茶褐色に変色して腐る。早春や晩秋には柔らかい芽、枝、葉がとろける。雨の多い時期に多発。 [対策] 落ちた花弁や発病した蕾は摘み取る。薬剤を散布する。薬剤はエムダイファー水和剤、ベニカXファインスプレーなど。
べと病	3月下旬 〜 5月下旬 10月中旬 〜 11月下旬	[症状] 昼夜の気温差が大きく、湿度が高いと発生しやすい。10日ぐらいで開花するという段階で赤紫の斑点が現れ、葉裏に灰色のカビが生えて蕾を残して一気に落葉する。若木は枯死することもある。発症を止めても縦に傷痕が残る。 [対策] 落ちた葉は拾い集め、薬剤を散布する。薬剤はサンケイエムダイファー水和剤など。
炭そ病	5月上旬 〜 6月中旬	[症状] 葉に黒色の1cmほどの斑点が現れ、ゆっくり落葉する。黒星病より病斑が大きい。雨の多いときに見られる。 [対策] 薬剤を散布する。薬剤はサンケイエムダイファー水和剤、ジマンダイセン水和剤など。

薬剤散布のポイント

**1 適切な薬剤を選び、
   数種類を交互に使用する**

　バラに使用できる(登録のある)薬剤は、ラベルの適用植物欄に「ばら」「花き・観葉植物」と表記されたものに限られ、使用できる病害虫名も記されています。殺虫剤、殺菌剤、殺虫殺菌剤など数が多く、どれを選ぶか迷うほどです。多くの薬剤は同じものを使い続けると病害虫に耐性菌や抵抗性が生まれ、効きにくくなります。そこで同一系統の薬剤(何に作用して防除効果があるかにより、いくつかの系統がある。例えば、害虫なら対象害虫の神経系に作用して殺虫する系統、成長を抑え脱皮を阻害して殺虫する系統など)を避けて、数種類の系統の薬剤を順繰りに使います。組み合わせについては専門店で相談するとよいでしょう。

**2 散布は身支度を調え、
   風のない朝夕が基本**

　薬液が皮膚につかないように、農薬用のマスクやゴム手袋、作業着などを身につけて作業します。散布は、薬害などを避けるために春から秋まではなるべく風のない朝夕の時間帯が適しますが、早春や晩秋は朝夕を避け、気温が上昇し始めた午前中に行いましょう。高温期の日中の散布は薬害が出やすくなり、寒さが残る早春や晩秋の朝夕の散布はべと病を誘発します。夏の薬害

混合した薬剤を噴霧器に入れて、葉の表裏からまんべんなく散布する。

では葉が萎縮したり、節間の伸びが悪くなったり、葉が黒変するなどの症状が現れます。

**3 殺菌剤と殺虫剤を
   混合して散布する**

　株数が少ない場合は、ハンドスプレータイプの殺虫殺菌剤が便利です。多くのバラを育てている場合は、殺虫剤と殺菌剤を混合して薬液をつくります。なお、薬剤は一部混合できない種類もあるのでラベルをよく読んで使用しましょう。混合した薬液は保存できないので、その日に使う分だけをつくります。もし、薬液が残ってしまったら排水溝などに流さず、地面に浸透させて処分します。

＊市街地での散布の際は、ご近所に配慮し、ひと声かけて風のない日に行います。

薬液のつくり方

混合できる殺虫剤と殺菌剤のほか、展着剤を用意します。

薬剤のいろいろ。後列左端は展着剤(薬液を葉面によく付着させる薬剤)。

散布のポイント

薬液は葉全面にかかり、表裏に薬液の皮膜ができるように散布するのがコツ。同じ株に二度がけはしない。

ハンドスプレータイプの薬剤は、株から約30cm離したところから全体にかかるように噴霧する。

水に殺虫剤、殺菌剤を入れる
希釈倍数に合わせた水(ここでは1ℓ)の中に殺虫剤を規定量スポイトで入れ、さらに規定量の殺菌剤を入れる。

展着剤を1～2滴入れる
展着剤は薬剤を植物に付着させる効果がある。

よく撹拌する
割りばしやスポイトなどでよく撹拌して薬液のでき上がり。

Trouble rescue

Q&A

編集部に寄せられるバラの性質や栽培上の悩み、品種についてなど、いろいろな質問から特に数多く寄せられる質問や疑問にお答えします。

Q 黒星病で葉を落とした株の回復法は？

毎年、梅雨が明けるころ、黒星病で葉を落としてしまいます。手入れや夏剪定はどうすればよいでしょう？

A 葉をふやすソフト・ピンチを繰り返す

梅雨どきに黒星病が発生したバラは薬剤で病原菌を駆除し、9月には元気を取り戻させ、10月下旬には開花させるように心がけます。

次の手順で株の手入れをします。
❶ 軽く枝先を切り、落ちている病葉をすべて拾って廃棄する。図 **1**
❷ 中3日で4～5回、殺虫殺菌剤を散布する。
❸ 液体肥料を施す。
❹ 蕾が上がったら、小さなうちに指先で摘み取る。これをしばらく繰り返す。図 **2**

薬剤散布後に、新芽や若い葉に黒星病を発生させないことが肝心です。

1 軽く枝先を切る

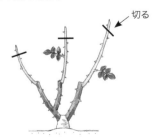

落ちた病葉、病斑の残る葉はすべてきれいに取り除く。

2 2回ソフト・ピンチし、咲かせる

薬剤散布のあと、新芽を図のように2回ソフト・ピンチしたあとに咲かせる。

Q ロングポットの土は落とすの？

ロングポット入りの大苗を買いました。白い根が張っていますが、これはくずして植えるのですか？

A 根や芽が動いていたら落とさない

秋に買った苗ですね。11月ごろに売られている苗は芽が伸びて白い根が回っているはずです。この場合は根鉢をくずさずに植えつけます。芽が動いていない（ふくらんでいない）場合は根も動いていないので、根鉢をくずし、根を広げて植えつけます。裸苗を購入した場合、枝や根が乾いているようなら30分程度水を吸わせてから植えつけます（枝が乾いていたら、枝ごと水につける）。なお、根を洗ったりすると傷つけることになるので、やめましょう。

Q バラのつぎ口は埋めるの？

植えつけのときに、つぎ口を埋めるか埋めないかでいつも悩みます。どうするのがよいのでしょう？

A つぎ口は地表面すれすれに

人によっていろいろですが、私は植えつけ後にたっぷり水を与えた状態で、つぎ口が地表面から見えるか見えないかぐらいが適当だと思います。特に冬期の乾燥が激しい太平洋側の地域では、根の乾燥を防ぐためにつぎ口を地表面すれすれにします。冬の間は乾ききった状態でも水やりをしないことが多いので、浅植えは禁物です。なお、寒冷地では、土を盛ったり不織布をかぶせたりするなどの防寒対策が必要です（93ページ参照）。

11月の大苗。芽が出て葉が展開している苗は白い根が張っている。根鉢をくずさずに植えつける。

裸苗が乾いていたら30分ぐらい水あげする。

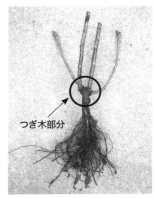

つぎ木部分

バラの大苗のつぎ木部分。写真は切りつぎ苗。

Trouble rescue

Q 元気のないバラの用土は？

梅雨どきに根腐れしかかったバラを植え替えたいのですが、普通の用土でよいのでしょうか？

A 水はけのよい清潔な用土を使う

鉢植えのバラにとって、用土のよしあしは生育状態や成長に直接影響を与えます。

元気のない成株

元気のない株が夏の高温多湿を乗り切るには、通気性と水はけのよい用土を用いることが大切です（有機物の混合量が多い市販の培養土は使わない）。ピートモスは1割程度入れてもかまいませんが、ほかの有機物は入れません。

用土の例：赤玉土小粒5、硬質鹿沼土中粒5

- ゴロ土は赤玉土大粒と中粒を使用。
- 肥料は芽が1cm伸びてから液体肥料を、葉が展開したら固形肥料を施す。
- 株が元気を取り戻したら、ひと冬越した春に大苗用の用土で植え替える。

元気のないさし木苗や小さな苗

根量が少ないので、赤玉土や赤土が多いと過湿になり、発根や芽が出るのが遅れます。通気性と水はけのよい用土を用います。

用土の例：ピートモス5、赤玉土小粒4、パーライト（米粒大）1

- ゴロ土は赤玉土の大粒、中粒を用い、鉢の深さの3分の1～4分の1入れる。
- 植え替え後は1週間ほど半日陰に置き、徐々に日光に慣らす。

さし木苗の根の状態。

適切な用土で管理すると早く活着し、根量がふえ、生育が旺盛になる。

Q 株元から シュートが出ない

わが家の'アイスバーグ'は、株元からシュートがほとんど出ません。これは管理が悪いのでしょうか？

A 成株はシュートが出にくい品種

若木のときはよくベーサル・シュートを出すのに、成株になったらほとんど出さなくなる品種があります。'アイスバーグ'は5年もたつとほとんどベーサル・シュートが出なくなります。こうした性質のバラは、枝の寿命が長く、古い枝によく花を咲かせます。冬剪定では、古い枝を残しながら、前年の一番花の枝を切り、バランスのよい株に仕上げます。ちなみにベーサル・シュートの出にくい品種には次のようなものがあります。

'イヴ・ピアジェ''ゴールド・バニー''シャルル・ドゥ・ゴール''デンティ・ベス''ノヴァーリス''ノック・アウト''ビブ・ラ・マリエ！''プチ・トリアノン''ボレロ'結愛（ゆあ）''ローズ うらら' など。

Q 庭植えのバラにも水やりは必要？

庭植えのバラに水は与えていませんが、水やりは必要でしょうか？ なんだか、元気がないようにも見えます。

A 初夏から初秋まで必要、特に梅雨明け後は水切れに注意

株元からベーサル・シュートが出てきたら、2〜3日に1回、株元に水を与えてください。水不足ではシュートが伸びずに株の下のほうで花が咲いてしまうことがあります。

梅雨が明けると、高温乾燥が続きます。秋にベーサル・シュートを出させるために、晴れた日は庭植えのバラにもほぼ毎日水を与えましょう。旧盆が過ぎるころにはその成果が表れます。シュートが出にくい'アイスバーグ'のような品種にもベーサル・シュートが出てくる場合もあります。晩夏から初秋の夜露が降りるころになったら徐々に水を控え、その後は降雨もあるので基本的に与えません。ただし、「山背」と呼ばれる冷湿な風が吹く北海道や東北地方の太平洋側などでは、庭植えのバラには水を与えるとべと病が出るので水は与えません。

ベーサル・シュートが伸びず、下のほうで咲いてしまった株。

ベーサル・シュートを上手に育てる

バラは、ベーサル・シュートを発生させて、古枝と入れ替わることを続けて、株が長年生き続ける植物です。近年の耐病性品種はベーサル・シュートがしばらく出なくても枝の寿命が長くなっているので、株が長もちします。しかし、これらを含め、従来の品種は適切な管理でベーサル・シュートを出させれば、主幹がふえ、結果として花数もふえます。

順調にベーサル・シュートを育てるには、以下のことを守りましょう。
❶ベーサル・シュートに病気を発生させない
❷ベーサル・シュートが出てきたら、水を与えて、成長を続けさせる
❸8月下旬まで、ソフト・ピンチを繰り返す（花を咲かせない）

Q 鉢植えがうまく育たない

鉢で育てていますが、生育緩慢で、上手に育ちません。枯れた株もあります。これは何が原因でしょうか？

A 肥料過多や病害虫、管理の問題など

いろいろなことが考えられます。よく見られるのは肥料過多。特に化成肥料を多く施すと、生育障害が起こります（肥料やけ）。早く大きくしようと多量に化成肥料を施すのは厳禁です。化成肥料は肥料の三要素であるチッ素（N）、リン酸（P）、カリ（K）がバランスよく含まれていますが、バラに欠かせないカルシウムやマグネシウム、鉄分やマンガンなどそのほかの微量要素が少ないので、それらが多い有機質肥料で育てます。鉢植えは固形の有機質肥料を置き肥として施します。ほかにも病害虫が発生したり、用土に有機物が入りすぎて根腐れ気味であったり、風通しを図るために葉を減らしたり、鉢替えの時期を間違えたりと、いろいろな原因が考えられます。なお、冬は寒風に当たらない場所に置きます。日ごろの管理を見直しましょう。

毎月1回の固形有機質肥料の置き肥で元気に育つ鉢植えのバラ。

Q&A

Q ベランダに適した品種は？

庭がないので、ベランダで鉢植えを育てています。ベランダに適した品種はありますか？

A 風や乾きに強く、丈夫な耐病性品種がおすすめ

日照や風通しのよしあしなどにもよりますが、ベランダには狭いスペースでも管理しやすいコンパクトな品種、風に強い品種、乾きに強い品種などがあげられます。また、丈夫で10年ほど植え替えなくても育つ品種、薬剤散布を最小限に抑えられる耐病性品種などがよいでしょう。子どもがいる家庭ではとげの少ない品種を選ぶのも大切なことです。

おすすめは次のような品種です。
'ウェディング・ベルズ' 'ジークフリート' 'ノック・アウト' 'ファイヤーワークス・ラッフル' 'プチ・トリアノン' 'フレグラント・アプリコット' 'ボレロ' 'マイガーデン' 'ローズ うらら' など。

Q 冬剪定時、よい芽が見つからない

剪定のとき、先輩がよい芽の上で切ると教えてくれました。しかし、わが家のバラにはふくらんだよさそうな芽がありません。

A よい芽がないのが自然

冬剪定時に、芽がふくらんでいる場合は、その株が次のような状態に陥ったか、品種の特性で早く芽が動いたと考えられます。

❶ 力のあるバラが病害虫などで早めに葉を落としてしまった。
❷ 12月に本来切りたい位置よりやや高めで仮剪定した。
❸ 12月に休眠させようと思い、芽や葉をむしり取った。
❹ '伊豆の踊子' 'マダム・サチ' など早く芽が動く品種である。

一般的な品種の多くは、1月は休眠中でまだ芽が動きだしていません。つまり、芽はふくらんでいないのです。だから、ふくらんだよい芽は見つかりません。バラの芽は根が動き始めると自然にふくらんできます。切りたい位置で剪定してください。

Q カイガラムシを退治できない

わが家のバラには年中カイガラムシがいて、なかなか退治できません。どうしたら、退治できますか？

A 冬に古歯ブラシで丹念にこすり落とす

一般的なバラシロカイガラムシは、周年、枝に付着しています。主に4～5月、8～9月に産卵、ふ化するので幼虫の時期に薬剤で駆除するか、冬の間に古歯ブラシなどでていねいにこすり落としましょう。中途半端に残すとすぐにふえて、年中被害を受け続けることになり、力のない株は枯死します。幼虫を駆除するために使用できる薬剤ではカイガラムシエアゾールやアクテリック乳剤などです。

カイガラムシはバラが休眠中の冬に、古歯ブラシなどでていねいにこすり落とす。

Q カミキリムシ予防は？

里山に近いわが家にはカミキリムシが飛んできます。株元に産卵し、数年で枯死する株が多く、困っています。友人は「バラを深く植えたら、枝1本の被害ですむわよ」といいますが、これは本当でしょうか。何か効果的な対策はありますか？

A 株元を清潔に、日当たりよく

深植えにして、カミキリムシが産卵する枝を1本にし、早く見つければよいと考える人がいますが、これはなかなか難しく、予想どおりにはいかないと思います。一番の対策は、株元を清潔にし、日当たりをよくすること。株のまわりに草花を植える人がいますが、これはいけません。草花で覆われると風通しが悪くなります。いろいろな害虫や病気を呼び寄せることになり、害虫がやってきても見逃してしまいます。株元を常にきれいにし、草花との間隔をあけて植えましょう。

株元の根を食い荒らすカミキリムシの幼虫。

北国のバラ

耐病性品種を選び、冬は防寒する

北国や高冷地など、寒さが厳しい地域では、耐寒性に優れた品種を選び、冬に防寒することで、十分に美しい花が楽しめます。バラの多くは耐寒性がありますが、近年ドイツやフランスなどで作出された耐病性品種の多くは特に耐寒性が強い特長があります。

生育期の管理で注意することは、病害虫を発生させないこと。多肥を避け、健康に育て、秋花を咲かせて、しっかりとした堅い枝にします。健康な株は耐寒性も強く、容易に冬越しできます。

北国に適した品種

'アライブ' '岳の夢' 'ガーデン・オブ・ローゼズ' 'グレーフィン・ディアナ' 'グレーテル' 'コスモス' 'ノヴァーリス' 'ノック・アウト' 'マイガーデン' 'ルイの涙' など。

防寒方法（雪囲い）

雪が降る前に図の要領で、株の周囲に長い板を立て、不織布で覆います。冬の剪定は雪解け後に行います。

＊板は焚きつけ用として市販されているものや手持ちの木っ端など何でもよい。
＊鉢植えは軒下などに移動させ、不織布で株を覆っておきます。

❶ 枝を軽くまとめ、ひもで縛る

❷ 株元に堆肥や土を盛り上げてしっかりマルチングする

❸ 幅10cmぐらいの長い板を円錐形に立て、上部を縛る

❹ 不織布を巻く

ショップ&ローズガーデンガイド

＊2017年1月現在

ショップ

大野農園
北海道音更町
Fax 0155-42-1277
http://www.oono-roses.com

ガーデンガーデン
愛知県豊橋市　☎ 0532-41-8787
http://www.gardengarden.net

グリームズガーデン
山口市　☎& Fax 083-902-7700
http://www.syoujuen.co.jp/

京成バラ園
千葉県八千代市
☎ 047-459-3347（ガーデンセンター）
http://www.keiseirose.co.jp/garden/gardencenter/（ガーデンセンター）、http://ec.keiseirose.co.jp/（ネット通販）

京阪園芸
大阪府枚方市
☎ 072-844-1781（京阪園芸ガーデナーズ）、072-844-1187（WEBショップ）
http://www.keihan-engei.com

コマツガーデン
山梨県昭和町
☎ 055-287-8758（直営店「ロザヴェール」）、055-262-7429（通販）
http://www.komatsugarden.co.jp/

バラの家
埼玉県杉戸町
☎ 0480-35-1187
http://www.rakuten.co.jp/baranoie/

京都・洛西　まつおえんげい
京都市西京区
☎ 075-331-0358
http://matsuoengei.web.fc2.com/

ローズガーデン

石田ローズガーデン
秋田県大館市　☎ 0186-43-7072
（大館市産業部観光課）
http://www.city.odate.akita.jp/dcity/sitemanager.nsf/doc/bara.html

伊奈町制施行記念公園　バラ園
埼玉県伊奈町
☎ 048-721-2111（都市計画課公園緑地係）
http://www.town.saitama-ina.lg.jp/0000000120.html

花菜（かな）ガーデン
神奈川県平塚市
☎ 0463-73-6170
http://www.kana-garden.com

かのやばら園
鹿児島県鹿屋市
☎ 0994-40-2170
http://www.baranomachi.jp/

河津バガテル公園
静岡県河津町
☎ 0558-34-2200
http://www.bagatelle.co.jp/

ぐんまフラワーパーク
群馬県前橋市　☎ 027-283-8189
http://www.flower-park.jp/

京成バラ園
千葉県八千代市
☎ 047-459-0106
http://www.keiseirose.co.jp/garden/

国営越後丘陵公園
新潟県長岡市
☎ 0258-47-8001
http://echigo-park.jp/guide/flower/rose/

敷島公園ばら園
群馬県前橋市　☎ 027-232-2891
http://www.city.maebashi.gunma.jp/shisetsu/436/p007179.html

神代植物公園
東京都調布市
☎ 042-483-2300
（神代植物公園サービスセンター）
http://www.tokyo-park.or.jp/park/format/index045.html

中野市一本木公園
長野県中野市　☎ 0269-23-4780
（一本木公園バラの会事務局）
http://www.ipk-rose.com/

花フェスタ記念公園
岐阜県可児市
☎ 0574-63-7373
http://www.hanafes.jp/hanafes/

花巻温泉バラ園
岩手県花巻市　☎ 0198-37-2111
http://www.hanamakionsen.co.jp/rose/

東沢バラ公園
山形県村山市　☎ 0237-55-2111
（村山市商工観光課）
http://www.city.murayama.lg.jp/kanko/rose/higashizawabarakouen.html

東八甲田ローズカントリー
青森県七戸町　☎ 0176-62-5400
http://www.shichinohe-kankou.jp/rose

福山市ばら公園
広島県福山市　☎ 084-928-1095
（福山市公園緑地課）
http://www.city.fukuyama.hiroshima.jp/

横浜イングリッシュガーデン
横浜市西区
☎ 045-326-3670
http://www.y-eg.jp/

ローズガーデンちっぷべつ
北海道秩父別町
☎ 0164-33-3833
Fax 0164-33-3162
http://www.town.chippubetsu.hokkaido.jp

品種名索引

＊太字はおすすめ名花＆育てやすい新品種で紹介しています。

あ行

アイスバーグ 23、89
アプリコット・キャンディ 18
アライブ 49、68、93
杏奈 72
イヴ・ピアジェ 16、89
伊豆の踊子 25、91
イングリッド・バーグマン 65
ウェディング・ベルズ 16、91
宴（うたげ） 15
エリナ 18
オールド・ブラッシュ 22、46

か行

ガーデン・オブ・ローゼズ 24、93
岳の夢（がくのゆめ） 20、93
キャンディア・メイディランド 19
クイーン・エリザベス 21
グラミス・キャッスル 23
グレーテル 22、93
グレーフィン・ディアナ 14、49、68、93
ゲーテ・ローズ 68
ゴールド・バニー 89
ゴスペル 49、68
コスモス 93
コンスタンツェ・モーツァルト 22

さ行

ジークフリート 20、91
シェエラザード 38
ジャスト・ジョーイ 17
シャリファ・アスマ 21、28
シャルル・ドゥ・ゴール 89
ジュビレ・デュ・プリンス・ドゥ・モナコ 54
スーパー・スター 15
ソレロ 25、65

た行

ディスタント・ドラムス 26、65
デンティ・ベス 89
ドゥフトボルケ 65

な行

ニコロ・パガニーニ 74
ノイバラ 39
ノヴァーリス 26、89、93
ノスタルジー 68
ノック・アウト 20、89、91、93

は行

パシュミナ 23
パット・オースチン 24
バローレ 16
ピース 17
ビバリー 49、68
ビブ・ラ・マリエ！ 89
ピンク・パンサー 49、68
ファイヤーワークス・ラッフル 24、91
ファッショニスタ 19
プチ・トリアノン 21、42、89、91
プリンセス・シャルレーヌ・ドゥ・モナコ 49
プリンセス・ドゥ・モナコ 17、65
ブルー・ヘブン 65
ブルー・ムーン 18
プレイボーイ 24
フレグラント・アプリコット 60、91
ベティー・ブープ 25
ベルサイユのばら 15
ヘンリー・フォンダ 18
ボレロ 89、91

ま行

マイガーデン 7、**17**、49、68、91、93

や行

結愛（ゆあ） 89

ら行

ラーヴァグルート 19
ラ・セビリアーナ 19
ラベンダー・メイディランド 6、**26**
リモンチェッロ 25
ルイの涙 49、68、93
ローズ うらら 20、89、91

鈴木満男（すずき・みつお）

バラ栽培技術者。バラの種苗会社で生産者への技術指導やバラ園の管理などを担当。2015年定年退職。各地のバラ園でプロへの指導、一般愛好家への講習会などを続ける。著書『NHK趣味の園芸ガーデニング21 バラを美しく咲かせるとっておきの栽培テクニック』（NHK出版刊）、『決定版美しく咲かせるバラ栽培の教科書』（西東社刊）など多数。

NHK趣味の園芸
12か月栽培ナビ①
バラ

2017年1月20日　第1刷発行
2023年8月10日　第7刷発行

著　者　鈴木満男
　　　　©2017 Suzuki Mitsuo
発行者　松本浩司
発行所　NHK出版
　　　　〒150-0042
　　　　東京都渋谷区宇田川町10-3
　　　　TEL 0570-009-321（問い合わせ）
　　　　　　0570-000-321（注文）
　　　　ホームページ
　　　　https://www.nhk-book.co.jp
印　刷　凸版印刷
製　本　凸版印刷

ISBN978-4-14-040274-0　C2361
Printed in Japan
乱丁・落丁本はお取り替えいたします。
定価はカバーに表示してあります。
本書の無断複写（コピー、スキャン、デジタル化など）は、著作権法上の例外を除き、著作権侵害となります。

表紙デザイン
岡本一宣デザイン事務所

本文デザイン
山内迦津子、林 聖子、大谷 紬
（山内浩史デザイン室）

表紙撮影
大泉省吾

本文撮影
福田 稔
今井秀治／大泉省吾／上林徳寛／
桜野良充／Sayaka／田邊美樹／
筒井雅之／徳江彰彦／成清徹也

イラスト
常葉桃子（しかのるーむ）
タラジロウ（キャラクター）

校正
安藤幹江

編集協力
うすだまさえ

企画・編集
渡邉涼子（NHK出版）

取材協力・写真提供
京成バラ園芸
安仲麗子／大河内和子／河合伸志／
木村卓功／草間祐輔／
京王フローラルガーデン アンジェ／
京阪園芸／国立越後丘陵公園／
斉藤 実／鈴木満男／都立神代植物公園／
横浜イングリッシュガーデン／吉池貞蔵